NATURE ANATOMY

自然解剖書

THE CURIOUS
PARTS & PIECES
OF THE
NATURAL WORLD

關於地球上各種有趣的大自然現象

JULIA ROTHMAN

WITH HELP FROM JOHN NIEKRASZ

茱莉亞・羅思曼（Julia Rothman）著

自然解剖書
關於地球上各種有趣的大自然現象
Nature Anatomy: The Curious Parts and Pieces of the Natural World

作　　者　茱莉亞·羅思曼（Julia Rothman）
譯　　者　王翎
總 編 輯　汪若蘭
編輯協力　陳思穎
內文構成　賴姵伶
封面設計　賴姵伶
行銷企畫　李雙如

發 行 人　王榮文
出版發行　遠流出版事業股份有限公司
地　　址　臺北市南昌路2段81號6樓
客服電話　02-2392-6899
傳　　真　02-2392-6658
郵　　撥　0189456-1
著作權顧問　蕭雄淋律師

2016年12月30日　初版一刷
2020年10月1日　二版一刷
定　　價　平裝新台幣399元（如有缺頁或破損，請寄回更換）
有著作權·侵害必究 Printed in Taiwan
ISBN　978-957-32-8733-9
遠流博識網　http://www.ylib.com
E-mail: ylib@ylib.com

國家圖書館出版品預行編目(CIP)資料

自然解剖書：關於地球上各種有趣的大自然現象 / 茱莉亞.羅思曼(Julia Rothman)著；王翎譯.
-- 二版. -- 臺北市：遠流, 2020.10
面；　公分
譯自：Nature anatomy : the curious parts & pieces of the natural world
ISBN 978-957-32-8733-9(平裝)
1.科學 2.通俗作品
307.9
109012989

自然解剖書
關於地球上各種有趣的大自然現象

Nature Anatomy
The Curious Parts and Pieces of the Natural World

目次

幾年前我在完成第一本書之後（過程中學到許多關於種植和保存糧食、採收農作物和辨認動物的知識，覺得真是不可思議），對於「綠」知識的渴望也越來越強烈。我很想繼續自己探索大自然的旅程。

我在紐約市布朗克斯區的城市島長大，我家和島上大部分街道的房子一樣，距離海灘只有一個街區遠。雖然抬頭望向對岸，就能看見紐約的招牌摩天大樓在閃閃發光，但收集貝殼之後分類、研究鱟的肚子和游泳吃到滿口鹹水，都是我童年記憶的一部分。我和姊姊的暑假都在夏令營度過，我們一起去紐約上州的林地健行，晚上睡帳篷，還噴上一大堆防蟲噴霧，好讓緊張過度的媽媽安心。

小時候我真的是熱愛大自然，不管是全家去緬因州度假，還是週末到鄰居家的小木屋玩，我絕不放棄任何參加戶外活動的機會。但隨著年紀漸長，我徹徹底底成了都市女孩。青少年時期的我不是偷溜到市區玩，就是在下東區的人行道上閒晃。以前那個在當自然老師的爸爸鼓勵之下，喜歡蒐集昆蟲和結晶體的小孩已經消失不見，變成了穿牛仔裙搭黑白格紋褲襪，在廣場追著滑板玩家跑的叛逆少女。

現在我住在布魯克林區，雖然是市中心，但走過幾棟大樓就會到一個公園入口。我每天都到公園報到，最常去遛狗或長距離慢跑。雖然這樣的小旅程要說是「自然之旅」似乎太過誇張，但即

使一天中只有一小段時間沉浸在綠意之中，我還是非常珍惜。在地下鐵車廂被擠成沙丁魚之後，能夠聞到草的味道讓我神清氣爽不少。我在公園裡到處觀看，想要認識更多的事物。那棵樹的葉子好美，是什麼樹？去年看到的那些花，什麼時候還會再開？從我們頭上飛掠而過的，真的是蝙蝠嗎？看到那麼多對蜻蜓頭尾相接、賣力交配，感覺好有趣！

我的好奇心越來越強，創作這本書的靈感也逐漸成形。我很高興這本書帶我回到一個可以懷念過去的地方，讓我又可以開始欣賞那些小時候十分著迷的事物。

如果我的公園小旅行可以說是「自然之旅」，那麼稱這本書為「自然之書」也不為過。我們所在的這個世界之大，即使只是一小部分，也沒有任何書能夠完整呈現。要怎麼才能寫得完整呢？從天上星辰到地球核心，可以學的簡直無窮無盡。我想就把這本書的寫作計畫想成是「我的自然之書」，裡面收集了我有興趣想要學

習的資訊，呈現的是我想畫的各種事物。或許學到的只有皮毛，但我卻能藉此機會熟悉植物、動物、樹木、花草、蟲子、降雨、地塊、水域等所有我遇到時希望能喊出名字的自然萬物。

我的好友約翰一直是很有影響力的「自然之友」，他會告訴我，他用自家園圃採收的蔬果煮了什麼料理、如何出手拯救鄰居家院子裡染病的果樹，還有在自家後院發現了哪些野生食材。為了這本書的寫作計畫，我請約翰指導，教我辨認那些我可能根本不會注意到的奇妙生物。

有一天下午我們一起在公園散步，約翰摘了幾片葉子，鼓勵我吃吃看。我本來很猶豫，擔心會不會有狗在這棵植物上尿尿過，但最後還是照做。我一邊嚼，約翰一邊對我嚷到葉子滋味的反應大笑。接著我們走遍公園，沿路採摘可食用的植物，品嚐和評論它們的味道和質地。我還真想不到，用公園裡採摘的植物，竟能做出一盤五彩繽紛的沙拉。如果光是一座公園就能帶給我們這麼多食材，我真的無法想像，到真正的深山密林採食，成果會有多麼豐碩。

約翰是我的老師，我是他的學生，如果沒有約翰，這本書也不會呈現如今的面貌。約翰協助撰寫和編校，幫助我構思整本書的內容。雖然最後由我決定想要寫成怎樣的一本書，但是書中每一頁都可以聽見他的諄諄話語。

這本書現在已經成形，是我們拿在手中感到自豪的作品。但我不會停下腳步，我會繼續到公園裡畫花，抬頭看看鳥。約翰也會繼續和我分享，他家的菜園明年打算種什麼，還有他規畫了哪些觀賞特殊自然現象的行程。無論我們所處的環境為何，欣賞與認識我們周遭的環境是一種持續不斷的終身學習，而這本書只是一個小小的見證。希望我的這本書能夠為你帶來一些啟發，引發你對周遭環境的好奇心，無論你看到的是連綿丘巒，還是只是樓梯間的小花盆。

Julia Rothman

茉莉亞‧羅思曼

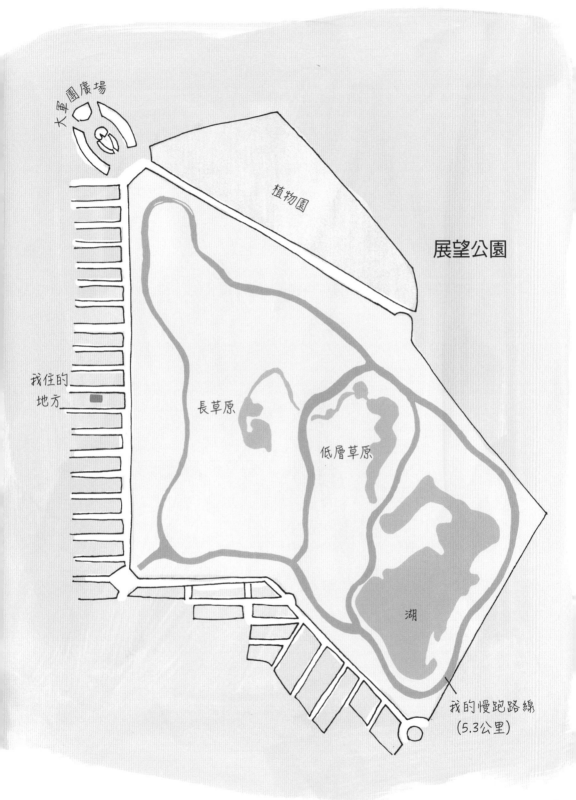

大象圍廣場

植物園

展望公園

我住的
地方

長草原

低層草原

湖

我的慢跑路線
（5.3公里）

9

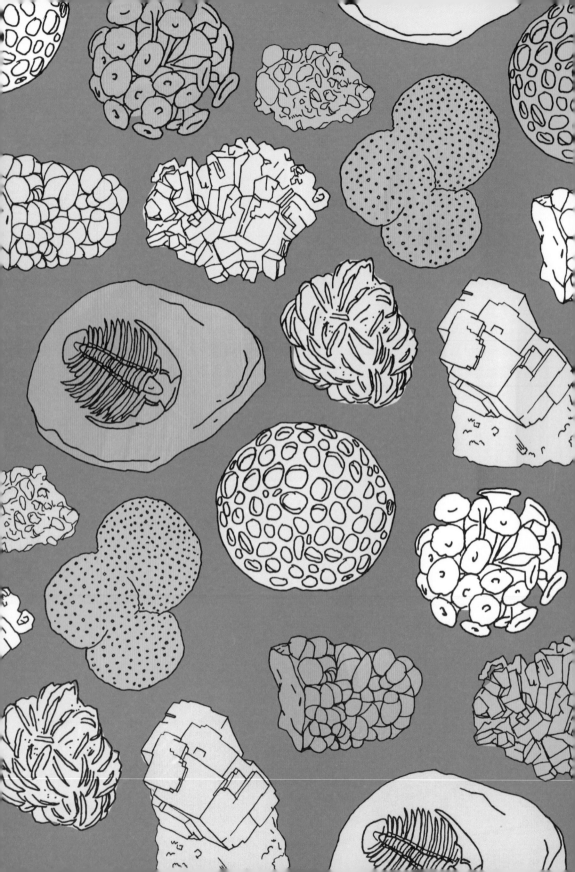

第 1 章
地理

Common Ground

REALLY MOVING
真的是在轉

北半球

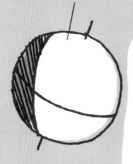

春分

南半球

春季

地球繞著自己的中軸，以每小時1,670公里的速度自轉，每天自轉一周。但是地球自轉時不是完全直立的，而是以23.5度角稍微傾斜。

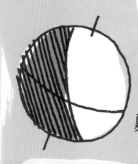

夏至（一年中白晝最長的一天）

夏季

不管在北半球或南半球，夏季都會比冬季溫暖，因為夏季白天較長，而且陽光是直射地球，不像冬季時的陽光是斜射。

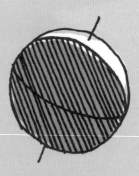

赤道

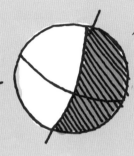

地球是宇宙中的一顆行星，以每小時將近10萬公里的速度在太空中飛旋而過。地球有廣闊的海洋和陸塊，棲息著超過250萬種生物，其中包括70億的人類。

冬季

冬至
（一年中夜晚最長的一天）

春夏秋冬四季，之所有會有差別，是因為地球的自轉軸稍微向一側傾斜。由於自轉軸傾斜，造成南北半球在一年中較為直接面對太陽的時期不同。

秋季

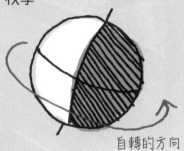

自轉的方向

秋分

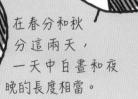

在春分和秋分這兩天，一天中白晝和夜晚的長度相當。

地球每年繞太陽轉一周，它的公轉軌道是接近圓形的橢圓形，總長約9億4,000萬公里。

Layers of the Earth

地球的分層

地球這個行星大約在40億5千400萬年前形成。對於地球的結構，我們大多是靠研究地震時傳到地面的震波得知。地球內部的層次分明，每層各有其特性。

地殼

地殼厚度在4.8到71公里之間，上有大陸地塊的地殼最厚，海洋下方的地殼最薄。所有地殼加起來，還不到地球總體積的1%。

地函

富含鐵和鎂的矽酸鹽類岩層，溫度非常高（約攝氏500℃到4,000℃），因此會非常緩慢流動，造成上方板塊移動時就會引發地震。地函佔地球總體積的84%。

地核外部＋中心

地核分成兩部分：外部主要是熔化的鐵，中心則是鐵鎳合金。地核中心的壓力非常大，所以雖然溫度比太陽表面還高，但中心卻是結晶化的固體。

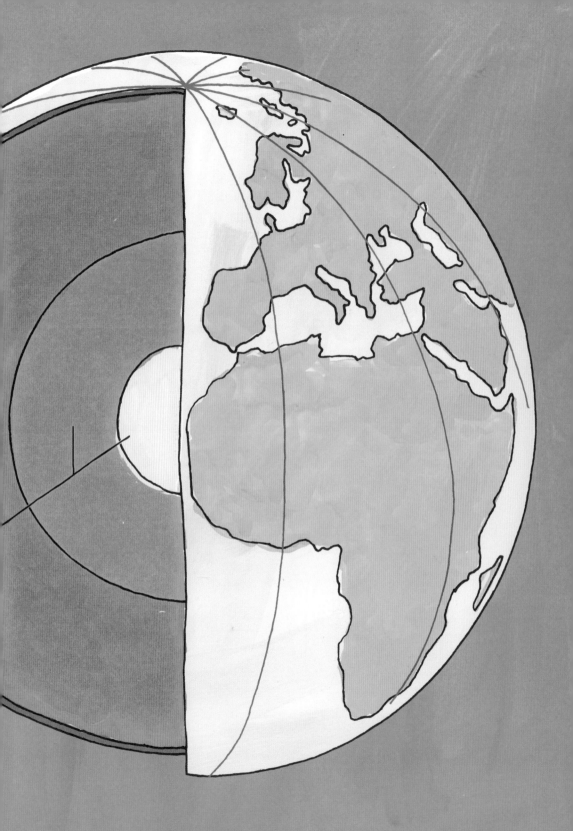

Minerals

礦物

礦物是由無機物質自然所形成的固態物質，目前已知的礦物種類超過4,000種，每年仍陸續發現新的種類。

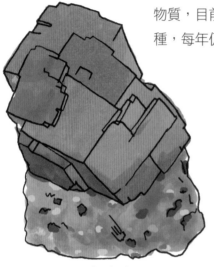

菱錳礦

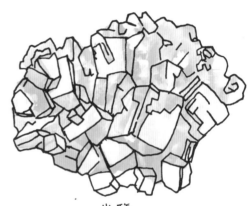

岩鹽

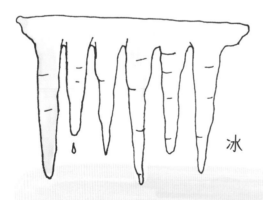

冰

綠松石

液態的水不是礦物，但自然形成的冰塊卻是地球最常見的礦物之一。

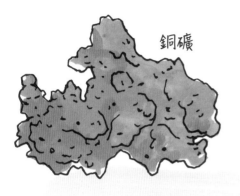
銅礦

沙漠玫瑰
（石膏結晶）

礦物會經由幾種不同的方式形成結晶：

——溶液蒸發（例如鹽水蒸發留下鹽）

——冷卻凝固（例如水結凍和岩漿凝固）

——周圍壓力和溫度改變（大多發生在斷層和
　　地殼運動活躍區）

硼鋁石

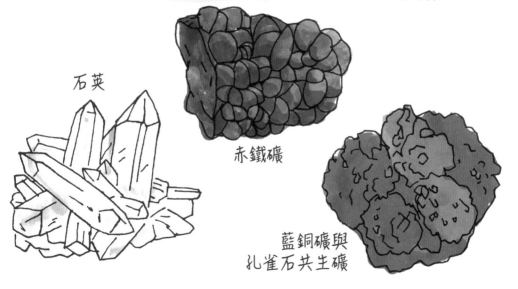
石英

赤鐵礦

藍銅礦與
孔雀石共生礦

The Rock Cycle

岩石形成的過程

不同種類的岩石在一段長時間內會一直產生變化。

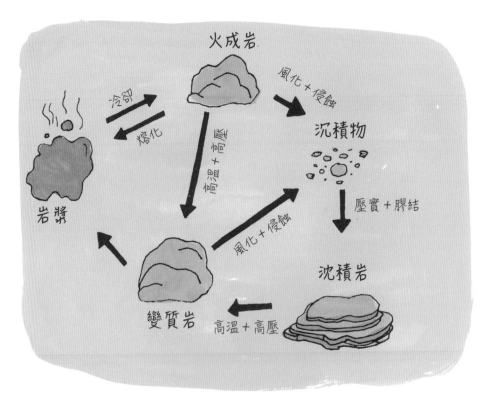

岩石會因為高溫、高壓、摩擦和風化等大自然
力量的作用下,改變形態或遭到毀壞。

根據形成方式，岩石可分成以下幾類：

火成岩 岩漿是地表下方熔融的岩石，在地上或靠近地表的地方冷卻凝固之後就成了火成岩。

花崗岩　　　玄武岩　　　黑曜岩

沉積岩 礦石碎屑歷經數千年的層層沉積，水的重量加上累積的沉積物向下擠壓，受壓膠結的礦石就形成沉積岩。

礫岩　　　泥岩　　　石灰岩

變質岩 沉積岩或火成岩在極高壓或高溫的環境中，礦物結構會產生改變，而形成變質岩。

片麻岩　　　片岩　　　板岩

Fossils
化石

生物遺體以化石形態留存下來的機會很小。因為若要形成化石，這個生物必須在死後不久就被沉積物掩蓋，接著富含礦物質的水會滲入生物遺體的所有孔洞。隨著時間，在壓力作用下，水中的礦物質會沉積在生物遺體結構中，並逐漸凝固，形成立體的化石。

綠河岩層的鱸魚化石，於美國懷俄明州西南部出土。

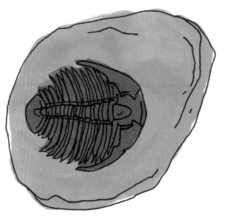

瑪賈岩層的三葉蟲化石，於美國猶他州米勒德郡出土。

生物遺體不是所有部分都會形成化石，身體結構中柔軟的部分，例如皮膚和內部器官，多半會在形成化石之前就已分解。

喇叭盤球藻

浮游性
有孔蟲殼體化石

[放大幾百萬倍
的樣子！]

微體化石

博物館裡陳列的化石為大化石，也就是長度超過1毫米、肉眼可見的化石。但還有更多化石是微體化石，包括細菌、矽藻、真菌、原生生物、花粉、無脊椎動物的殼或骨骼，和脊椎動物的骨頭與牙齒碎片等留存下來的微小殘餘物。在沉積岩中通常可以發現大量的微體化石。

微體化石中有一大類是有孔蟲殼，建造埃及金字塔所用的沉積岩，主要成分就是這種化石。

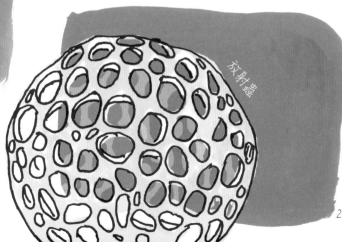

放射蟲

LANDFORMS
地形

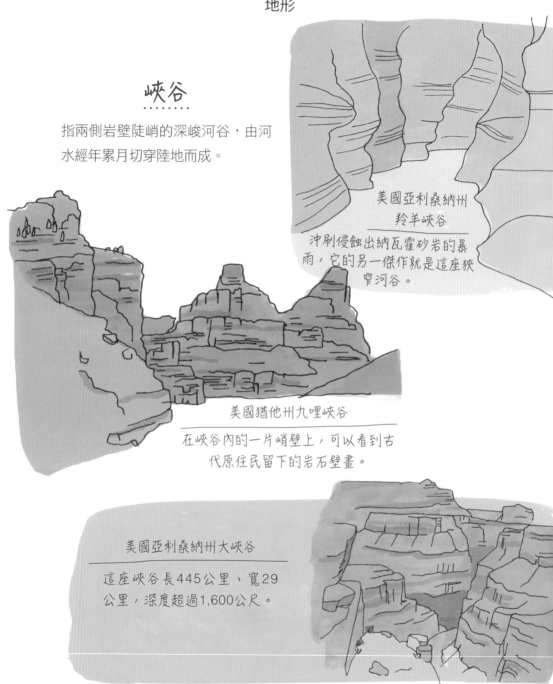

峽谷
·········

指兩側岩壁陡峭的深峻河谷，由河水經年累月切穿陸地而成。

美國亞利桑納州
羚羊峽谷
────
沖刷侵蝕出納瓦霍砂岩的暴雨，它的另一傑作就是這座狹窄河谷。

美國猶他州九哩峽谷
────
在峽谷內的一片峭壁上，可以看到古代原住民留下的岩石壁畫。

美國亞利桑納州大峽谷
────
這座峽谷長445公里、寬29公里，深度超過1,600公尺。

瀑布

水勢洶湧的大瀑布。

美國加州
優勝美地瀑布
———————
北美洲最高的瀑布

橫跨加拿大安大略省和
美國紐約州的尼加拉大瀑布
———————
小流量世界第一的瀑布

三角洲

在江河流入較大水體的河口處所形成的三角形地貌，地勢低窪，河水夾帶的泥沙礫石會在這裡沉積。

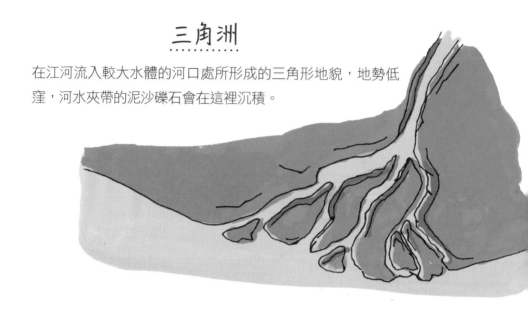

沖積扇

溪河夾帶大量沉積物所滯留堆積出的扇形地貌，最常出現在兩山之間形成峽谷後、進入開闊平原的地點。

1982年7月15日那天，美國科羅拉多州洛磯山國家公園裡的草坪湖水壩潰堤，85萬立方公尺的水，夾帶數噸重的沙石淤泥滾滾沖洩，在下游形成的沖積扇在數十年後仍清楚可辨。

群島　海或大洋中成群聚集或一連串分布的島嶼。

地峽　橫跨於水上、連接兩個較大陸塊的狹長橋形陸地。

刃嶺
. . . .
兩道平行冰河侵蝕山脊所遺留
下來的狹長岩脊。

垭口
. . . .
山脊上兩峰之間的最
低點，也稱為山口、
隘口或鞍部。

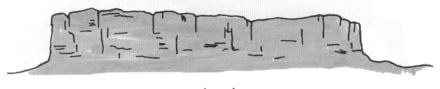

台地

隆起、高出周圍區域的大塊平地。

方山

範圍較小的乾旱隆起陸地,頂部平
坦,四面通常全是陡峭岩壁。

孤山

範圍更小、四面陡峭的高起地形,
大多數孤山原本是方山。

✿ MOUNTAINS ✿
山

山是在長時間的板塊運動中，大塊地殼移位、碰撞、擠皺和滑動所形成的。由於有不同的氣候區，加上緯度和險峻程度各異，山成為很多特殊動植物的棲地。

山有三大類：褶曲山、斷塊山和火山。

褶曲山

當板塊相互碰撞或擠疊，會讓地殼褶皺隆起。阿帕拉契山和洛磯山有很大部分都是褶曲作用所形成。

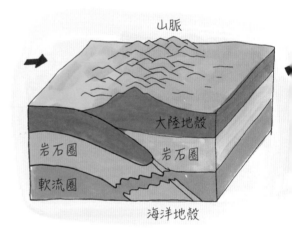

山脈

大陸地殼

岩石圈　岩石圈

軟流圈

海洋地殼

斷塊山

斷塊山或斷層山最明顯的特徵是陡峭直削的大片岩層斷面，例如，加州的內華達山。斷塊山是板塊運動產生壓力，造成巨大岩層斷裂而形成，

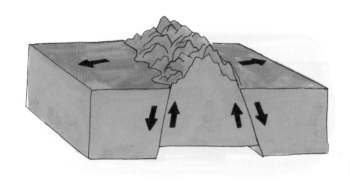

分裂線就稱為斷層。斷層一側的岩層向上升，另一側的岩層向下陷，就形成壯觀的懸崖。

火山

兩個地殼板塊移動時，如果不是擦身而過，而是靠近或遠離彼此，就會形成火山。火山噴出的岩漿大多都是地殼的組成成分，因為被推擠到移動中板塊下方的熾熱地函而熔化。

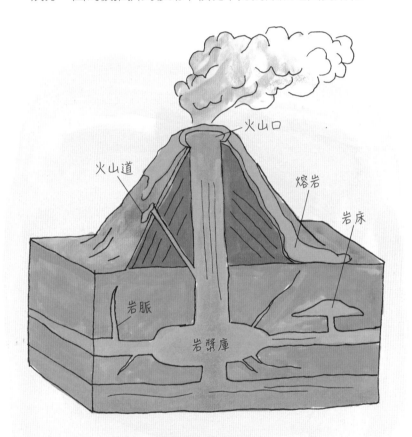

目前已知，在過去一萬年間曾活躍
的火山數量為1,500座。

NORTH AMERICAN LANDSCAPES

北美洲的地景

沙漠

沙漠雖然乾燥貧瘠，年平均降雨量不到254公釐，但仍有許多動植物棲息在這裡。

王鵟

巨人柱仙人掌

阿拉伯芥

仙人掌

沙漠鬣蜥

為了避開炙灼的熱氣，沙漠動物會躲在陰影中打盹，或鑽進地底，有些甚至在極度乾旱的時期進入休眠狀態。

沙漠植物能長時間貯存水分，而且多半生有棘刺或尖針，讓口乾舌燥的動物不敢輕舉妄動。有些植物在遇到少見的降雨時，會把握機會在短短幾週之內，像快轉一樣迅速完成發芽開花的生命週期。

美洲平原野牛

草原

開闊無樹的區域，長滿各種禾草、莎草和燈心草類，在地球上大部分地區皆有分布。草原的土層是所有地景中最深的，未經開發的草原地下可能有深達約6公尺的豐厚土壤。

草原犬鼠

岩岸

大海沿著小島、島嶼和岬角凹凸參差的海岸線，以無比強大的力量切穿岩壁，鑿刻出石拱和窟穴。海鳥在突出於海面上的峭壁築巢，被海風吹拂而阻礙生長的針葉樹根部緊抓岩隙，藍綠藻和地衣隨著海面泡沫載浮載沉。退潮時會暴露於空氣中的潮間帶區域，岩石上長滿貽貝和黃褐色海草，而從海面露出頭來的，還有帽貝、藤壺和大型海藻。

沙岸

在陸地與海洋相接處，永不間歇、不斷拍打的海浪，將岩石和貝殼沖碎、化為細沙的區域。風浪的沖襲會持續移動並重塑海岸線，而耐鹽的禾草、燈心草、石楠和薔薇科植物能維持沙丘和沙質海岸線的形狀不變。

海岸溼地樹林

走進海岸溼地樹林，只見大型蕨類、厚層苔蘚和巨大
樹木，令人覺得彷彿進入了永恆之境。雨霧讓溼地樹
林保持著潮濕，溫和的海洋氣候則延長了植物生長時
期，讓它們都長得十分高大。

林澤和草澤的主要差異
在於其中有沒有樹木。

美洲短吻鱷

林澤

在這種林木叢生的溼地，通常會有令人驚奇的鳥類生態，許多兩棲類、
魚類和哺乳類也在這蒼翠繁茂的環境生長興旺。緩緩流動的水面上遍布
浮萍和睡蓮。在北美洲南部的溫暖林澤中，還能看到鱷魚、烏龜和有毒
的食魚蝮在曬太陽。

大白鷺

苔泥沼

大多數泥沼原本是開闊的水域，歷經漫長歲月之後形成林地。

北美洲的北部溼地中有一種泥炭蘚，它腐壞的速度極為緩慢，會積累形成厚層的泥炭，將冰河侵蝕形成的低窪地變成獨特的泥沼棲息地。苔泥沼中的微氣候陰溼寒冷，在這裡可以發現莎草、蘭花、格陵蘭杜香，甚至食肉植物。溼地會消耗大量氧氣，加上泥炭會讓環境酸化，所以通常很難看到魚類和其他許多水生動植物。

沼澤旅鼠的排泄物
是淺綠色！

Field Succession

耕地演替

如果一塊土地經過開墾耕種或採伐林木後荒廢不用，就會慢慢回復從前的野生狀態，耕地轉變成林地的過程就是演替。

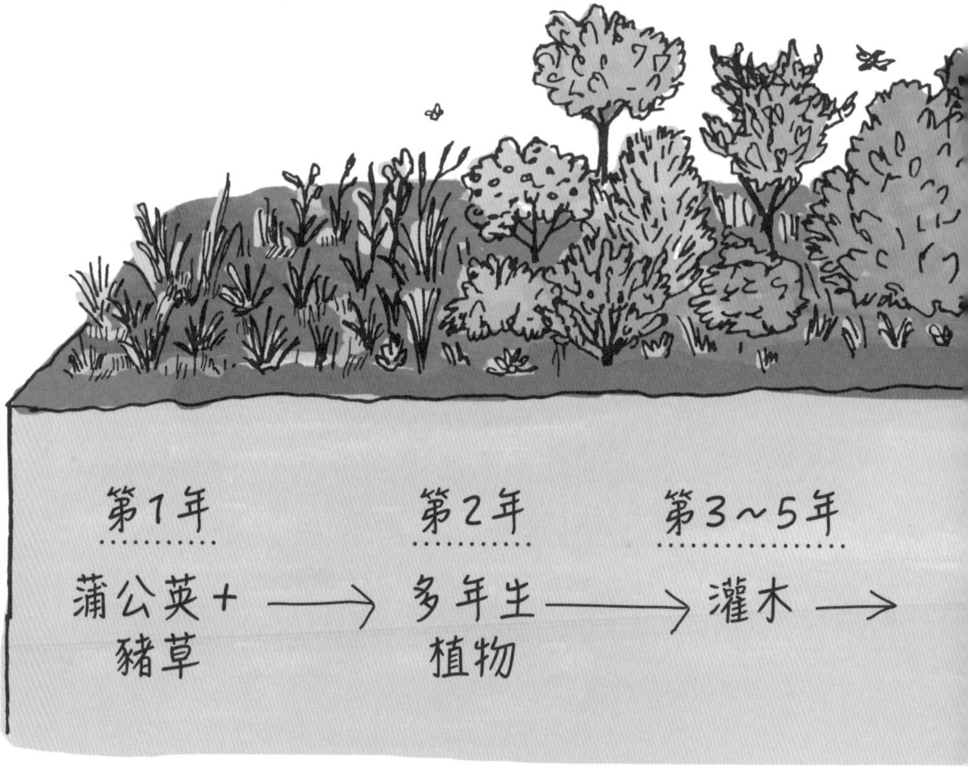

第1年
蒲公英＋
豬草 ⟶

第2年
多年生
植物 ⟶

第3～5年
灌木 ⟶

在氣候溫和的地區，最早長出來的是一些堅韌耐曬的植物，例如蒲公英、藜和豬草，接下來稱霸的會是薊草、野胡蘿蔔花和馬利筋。

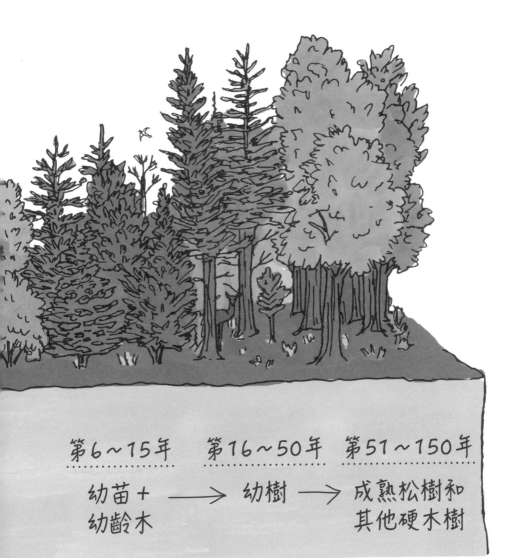

第6～15年	第16～50年	第51～150年
幼苗＋ 幼齡木 →	幼樹 →	成熟松樹和 其他硬木樹

隨著植群逐漸成熟、枝葉慢慢茂盛，動物和昆蟲會受到吸引前來。林間開始出現北美土撥鼠、棉尾兔、狐狸和鹿的蹤跡，蝴蝶、雀鳥、草地鷚和北美鶉也陸續遷入。有了鳥類和松鼠的幫助，櫟樹、桑樹、野生黑櫻桃和鹿角鹽膚木的種子就得以散播。

Loose Landscape Painting

怎樣畫寫意風景畫

工具

· 自己愛用的顏料：例如，透明水彩、不透明水彩（這是我的最愛，本書的插圖就是用不透明水彩畫的）、蠟筆、色鉛筆等
· 厚紙或小張畫布
· 中或大號水彩筆

步驟

找一個景致迷人的地方，在安靜、舒適、可以將要畫的景色一覽無遺的位置坐下。微瞇起眼，觀看眼前的風景。將整個區域看成一個個色塊，忽略所有的小細節。

用大筆觸畫出色塊。試著選用互補的顏色，就算跟實際景物不同也沒關係。繼續加上色塊，直到將整張紙畫滿為止。儘量不要留下空白，如果想要畫面中出現白色，以塗上白色的方式取代留白。

小訣竅

拿筆的時候要握高一點，不要離筆頭太近，這樣可以畫得比較隨意、不受拘束。多畫幾次同樣的場景，每次換用一些不同的顏色，看看畫出來有什麼不一樣。

第 2 章
天文

What's Up?

UP IN THE ATMOSPHERE

天空中的大氣層

環繞在地球周圍的大氣層，包含著
所有的氣體層。

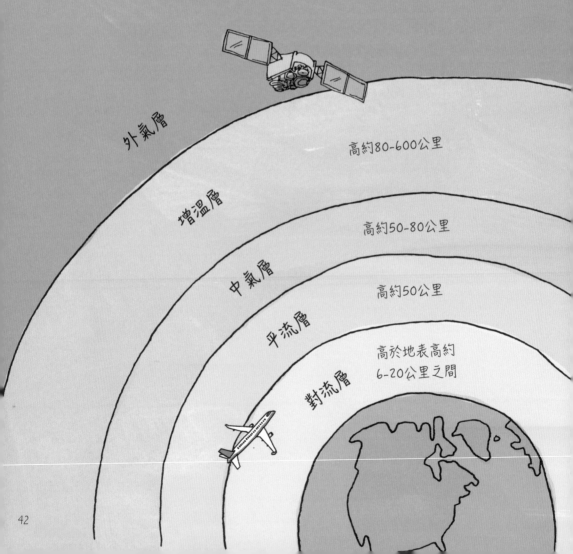

外氣層

增溫層 　　　　　　　　高約80-600公里

中氣層 　　　　　　　　高約50-80公里

平流層 　　　　　　　　高約50公里

對流層 　　　　　　　高於地表高約
　　　　　　　　　　　6-20公里之間

從地表以上到高度約6-20公里處屬於「對流層」，是高度最低的氣層，幾乎所有天氣現象都發生在這個氣層。

「平流層」佔大氣層的各種氣體19%，但是水氣極少。

包括氧分子在內的氣體持續上升到「中氣層」，在上升過程中密度會逐漸減少。

「增溫層」也稱為高層大氣層，這層的氣體分子會吸收太陽輻射出的紫外線和X光，所以溫度會上升。

「外氣層」中的原子和分子會逸散到外太空中，衛星就是在這層繞著地球運轉。

Predicting Weather

天氣預測

有一些方法可以預測
天氣好壞，出門時就
不會措手不及：

雲的形成

如果看到特定類型的
雲，就可以預測即將
會下雨或有暴風雨。

晨露分布

晨露很重代表當天沒
有強風將露水吹乾，
通常表示會有好天
氣。

鳥的飛行模式

暴風雨快來臨之前，
鳥類會儘量飛得離地
面很近，因為這時的
氣壓會讓牠們的耳朵
很不舒服。

卷雲
沒有增厚的話，通常
表示天氣晴朗

卷積雲
通常表示天氣晴朗

卷層雲
增厚的話表示24小
時之內可能會下雨

高積雲
可能有午後雷陣雨

高層雲
暴風雨即將來臨

層積雲
代表好天氣

雨層雲
即將下雨或下雪

層雲

雲層低垂代表可能會
起霧和下毛毛雨

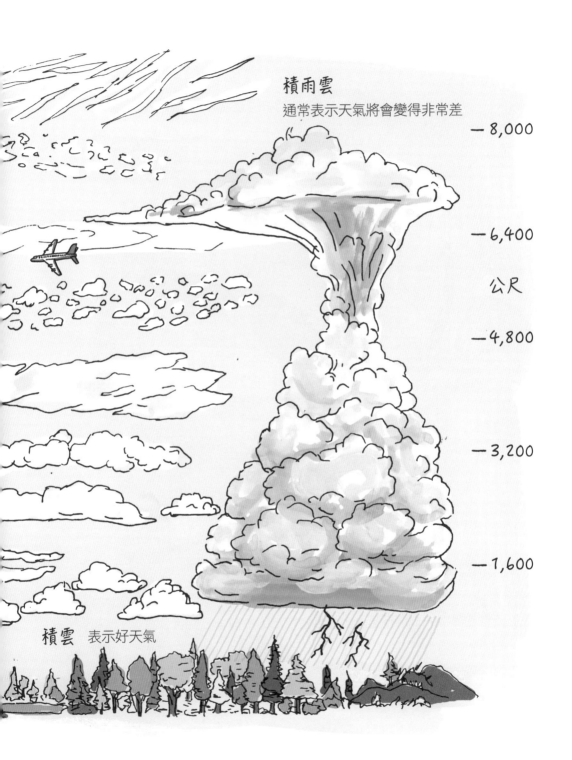

積雨雲
通常表示天氣將會變得非常差

— 8,000

— 6,400

公尺

— 4,800

— 3,200

— 1,600

積雲　表示好天氣

The Water Cycle 水的循環

降雨

凝結
釋放能量並讓氣溫上升

蒸發
吸收能量並讓
氣溫下降

表面逕流

在地球上只有水這種物質，
是以液態、固態和氣態3種
形態自然存在。

自然界中的水會不斷改變和移動自己的形態：它從溪流匯入江河再流入海洋，從湖泊和海洋蒸發進入大氣，再從大氣回到陸地。這樣的循環會慢慢將水淨化，大地也得以重獲純淨水分的滋潤。

霧與靄

霧是靠近地面高度所形成的一種層雲,而靄是由懸浮在空氣中的細小水滴構成。當空氣和地面的溫度有明顯差異時,從鄰近水域或潮溼地面蒸發的水氣就會形成霧或靄。

霧和靄最主要的差異就在於身處其中的能見度,在霧中的能見度不到1公里,但在靄中可以看得再遠一點。

暴風雨

雷雨

當大團的冷空氣遇上大團的暖空氣，就會發展出雷雨。當暖
空氣上升，地表的氣壓下降，會造成類似真空的效果，冷空
氣就會趁虛而入，將更多暖空氣向上推擠，形成急速猛烈的
循環，帶來強風、暴雨，甚至冰雹。

閃電

空氣中充滿著大量離子（帶有電荷的原子或分子），雷雲中
的正電荷會聚集在雲層頂部，而負電荷會聚集在雲層底部。
電位差夠大的時候，就會放出一道閃電來平衡電荷。閃電可
能只從雲層頂部打到底部，也可能從雲層打到地面。我們會
聽到轟隆作響的雷聲，是因為閃電造成的音波。

48

龍捲風

當熱空氣和冷空氣猛烈衝擊，會形成不斷旋轉的巨大暴風雨系統，稱為「超大胞」。龍捲風就是由超大胞的積雨雲向下發展，接觸到地面的一道強烈旋轉氣柱。

龍捲風的強度根據「改良藤田級數」分級，依據風速和破壞程度分為EF0到EF5，總共6級。

乳狀雲
雲層底部

砧狀雲
當雷雨雲無法上升到穩定的大氣層之上，雲層頂部就會變平。

氣流

氣流

位在美國中部的「龍捲風巷」，是世界上龍捲風出現頻率最高的地方。

WHY ARE ALL
SNOWFLAKES
DIFFERENT?
為什麼雪花的形狀都不一樣？

雪花的形狀取決於溫度和溼度。雲層中的溫度低時，水氣會直接凝結成固態冰晶，這個過程稱為凝華。這些細小的冰晶會一直長大增重，直到落下來成為雪花。

冰晶長大的過程中，分子不會完全規律地堆疊在一起。雪花飄落下來的途中會穿越許多不同的微氣候，每片雪花行經的路徑都是獨一無二的，因此結晶排列成的形狀也各有不同。

冠頂柱狀

子彈叢聚狀

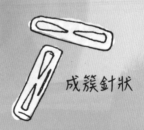

成簇針狀

中空柱狀

雪花的各種形狀

淞冰晶

三角形狀

箭頭狀

基本六稜狀

六瓣星盤狀

星形枝狀

十二芒星狀

蕨葉星形枝狀

RAINBOWS

彩虹

我們熟悉常見的彩虹圓拱，是光線經過空氣中的細小水滴折射和反射所形成的，為大自然中最吸引人目光的現象之一。而太陽射出來的光線雖然看起來很像白色或黃色的，但其實是由許多不同顏色的光線組成。

彩虹都是出現在太陽的正對面，但它在天空中的位置是取決於觀察者所在的位置。

彩虹的黑白照片裡看
不出色帶，只看得出
光的規律漸層。

我們會看到不同顏色
的色帶，是因為人
類「彩色視覺」的作
用。

SUNSETS

....

夕陽

陽光是由許多不同波長和顏色的光組成，當陽光照射在大氣中的粒子（包括水、空氣分子、灰塵、花粉或污染物），一些特定波長的光的斜射和折射角度會大於其他波長的光。

由於夕陽西下時太陽光是斜射在地球上，陽光需要穿越更多的大氣粒子，也就是會有更多的光散射出去。因為藍光和綠光大多被過濾掉了，所以留下的是波長較長的橘光和紅光。

夕陽餘暉的顏色往往比日出時的曙光更加瑰麗炫目，是因為傍晚時的空氣比較溫暖，懸浮在空氣中的粒子也比早晨時多。

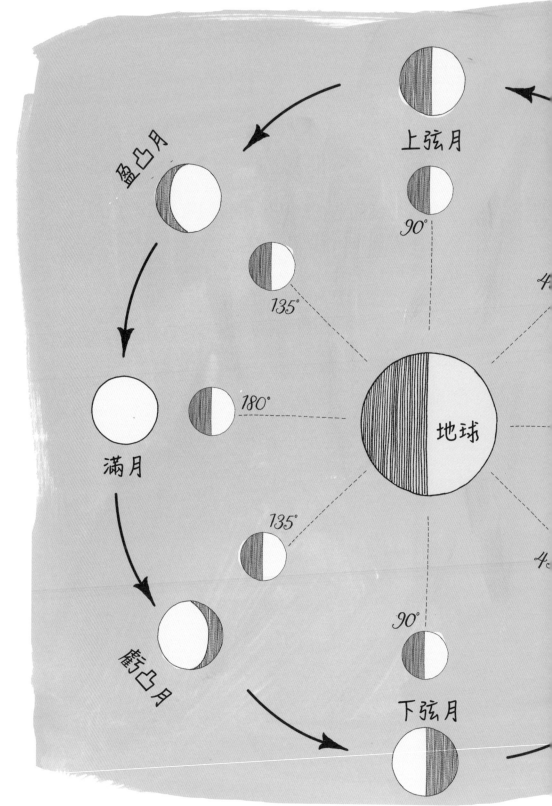

上弦月

90°

盈凸月

135°

180°

满月

135°

亏凸月

90°

地球

下弦月

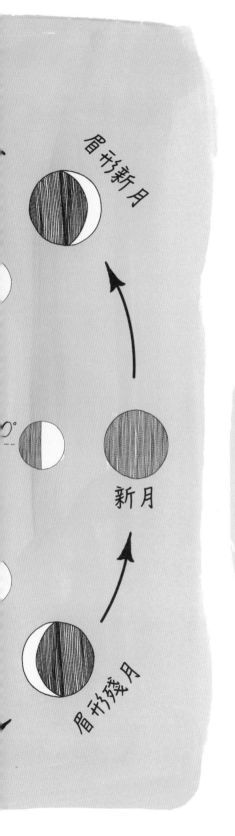

眉形新月

新月

眉形殘月

Phases of the Moon
月相變化

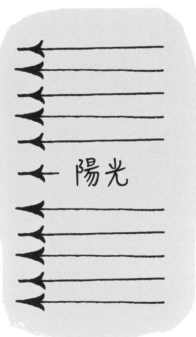

陽光

CONSTELLATIONS

星座

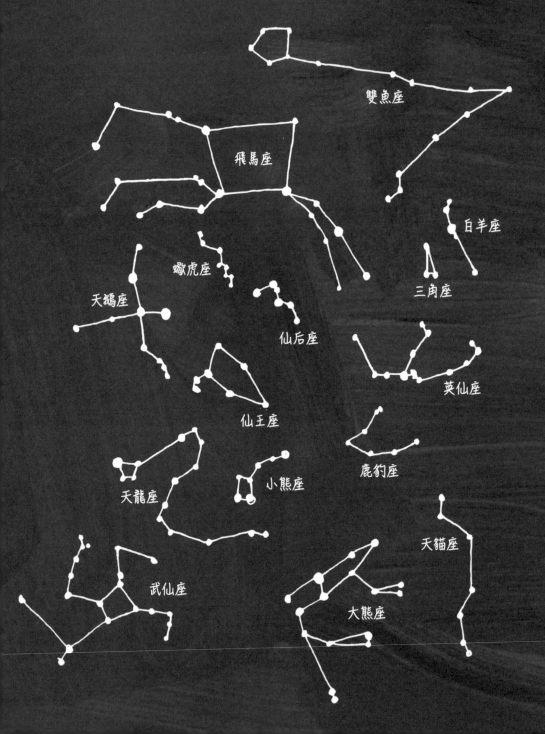

雙魚座

飛馬座

白羊座

蠍虎座

三角座

天鵝座

仙后座

英仙座

仙王座

鹿豹座

天龍座

小熊座

天貓座

武仙座

大熊座

幾千年來人類一直在尋找和發現星星分布模式代表的意義。星座或星群是指在夜空中一群群閃亮星星所形成的圖像。一個單一星座中所包含的星星或許看起來彼此很接近，但事實上它們之間的距離可能是好幾光年遠。

星座的代表圖像和意義在不同文化和地區有所不同，目前國際天文聯合會在北半球和南半球天空總共確認出88個星座。現在我們通用的星座名稱中有很多是源自古羅馬的拉丁文名稱，不過特定的意義和圖像往往可以追溯到更久以前。

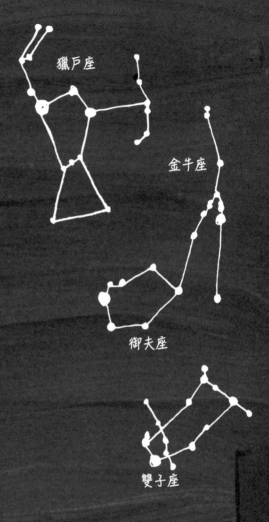

獵戶座

金牛座

御夫座

雙子座

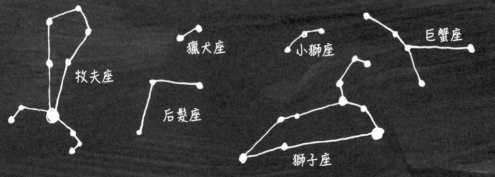

獵犬座

小獅座

巨蟹座

牧夫座

后髮座

獅子座

第 3 章
仔細觀看

Come Close

ANATOMY OF A FLOWER
花朵的解剖構造

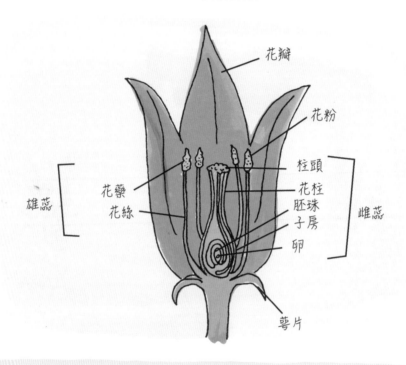

花瓣

花粉

柱頭
花柱
胚珠
子房
卵

雄蕊

花藥
花絲

雌蕊

萼片

花藥——內含花粉，雄蕊的一部份

花絲——支撐花藥

萼片——花朵下方的變形葉片

雄蕊——包含花朵雄性生殖器官的部分

雌蕊——包含花朵雌性生殖器官的部分

子房——雌性生殖器官

胚珠——生殖器官；由花粉授粉後受精發育成種子

柱頭——花柱頂端接收花粉的結構

花柱——連接柱頭和子房

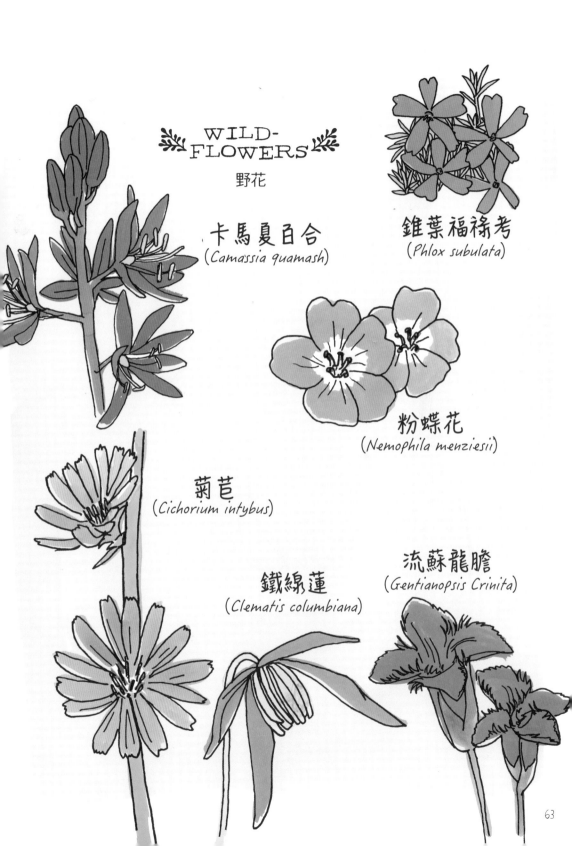

WILD-FLOWERS
野花

卡馬夏百合
(*Camassia quamash*)

錐葉福祿考
(*Phlox subulata*)

粉蝶花
(*Nemophila menziesii*)

菊苣
(*Cichorium intybus*)

鐵線蓮
(*Clematis columbiana*)

流蘇龍膽
(*Gentianopsis Crinita*)

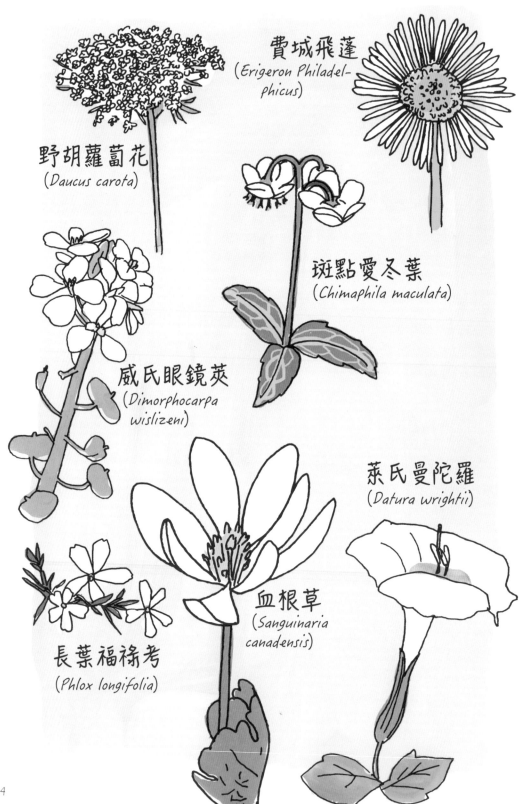

費城飛蓬
(*Erigeron Philadel-phicus*)

野胡蘿蔔花
(*Daucus carota*)

斑點愛冬葉
(*Chimaphila maculata*)

威氏眼鏡莢
(*Dimorphocarpa wislizeni*)

萊氏曼陀羅
(*Datura wrightii*)

血根草
(*Sanguinaria canadensis*)

長葉福祿考
(*Phlox longifolia*)

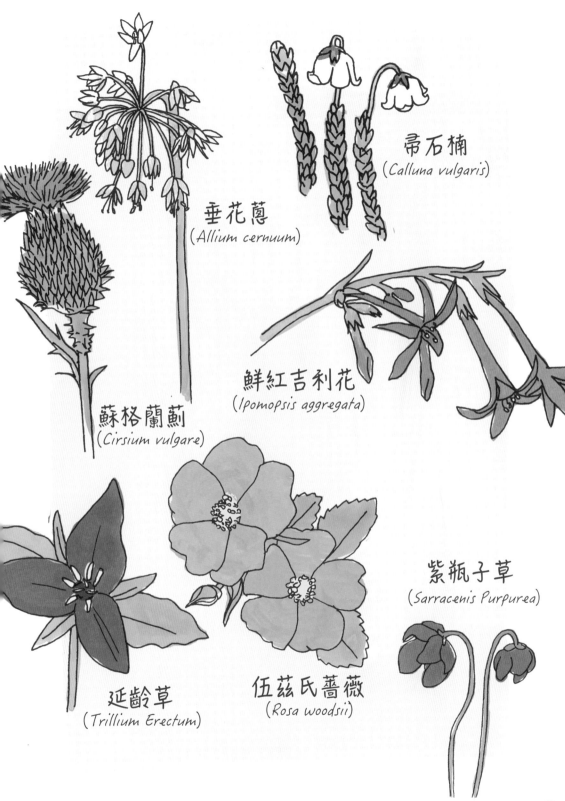

垂花蔥
(*Allium cernuum*)

帚石楠
(*Calluna vulgaris*)

蘇格蘭薊
(*Cirsium vulgare*)

鮮紅吉利花
(*Ipomopsis aggregata*)

紫瓶子草
(*Sarracenis Purpurea*)

延齡草
(*Trillium Erectum*)

伍茲氏薔薇
(*Rosa woodsii*)

少葉遠志
(Polygala Paucifolia)

女王喜普鞋蘭
(Cypripedium Reginae)

夢幻草
(Aquilegia canadensis)

維吉尼亞
蠅子草
(Silene virginica)

琉璃繁縷
(Anagallis arvensis)

紅花忍冬
(Lonicera sempervirens)

塊根馬利筋
(*Asclepias tuberosa*)

卷丹
(*Lilium lancifolium*)

金光菊
(*Rudbeckia hirta*)

柱鱗托菊
(*Ratibida columnifera*)

毛茛
(*Ranunculus acris*)

常見的花蜜來源

蒲公英

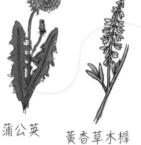
黃香草木樨

白花三葉草

一枝黃花

蜜蜂

切葉蜂

北美洲總共約有4,000個原生蜂種，但我們熟悉的蜜蜂是移民從歐洲帶來的。

木蜂

熊蜂

隧蜂

石巢蜂

ANATOMY OF A BEE

蜜蜂的解剖構造

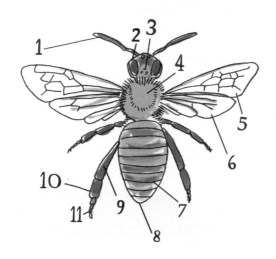

1. 觸角 —— 上有數千個偵測氣味的微小感受器
2. 複眼 —— 用來看遠處
3. 單眼 —— 共有3個，主要在光線微弱的蜂巢中使用
4. 胸部 —— 頭部和腹部之間與翅膀相連的部分
5. 前翅
6. 後翅 ─┤飛行時相互勾連、休息時分開的兩節式翅膀
7. 腹部 —— 有所有器官、蠟腺和螫刺
8. 螫針 —— 只出現在工蜂和蜂后身上
9. 腿節
10. 脛節 ─┤腳的最後3節可用來行走，以及收集花粉
11. 具爪的前跗節

北美洲
常見的蝴蝶

 鳳蝶科
中大型蝶類，後翅有尾狀突起，翅膀顏色鮮豔

 蛺蝶科
成員最多的一科，用來取食的前腳較短

真蝶 **粉蝶科**
翅膀多為白或黃色帶橘黃或黑色斑紋

 小灰蝶科
體型較小，翅膀極薄，包括翠灰蝶亞科、藍灰蝶亞科和灰蝶亞科

 小灰蛺蝶科
中小型蝶類，主要生長在熱帶，翅膀上的斑紋帶有金屬光澤

 弄蝶科
胸部較寬，觸角呈鉤狀，翅膀小，顏色為褐灰色帶橘黃色及白色斑紋

ANATOMY OF A BUTTERFLY

蝴蝶的解剖構造

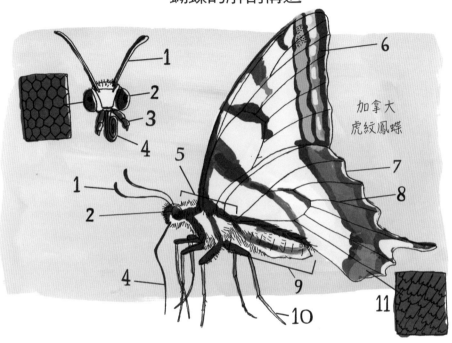

加拿大
虎紋鳳蝶

1. 觸角——用來偵測聲波震動和費洛蒙
2. 複眼——上有多達1,700個小眼（作用類似感光器和鏡頭）
3. 下唇鬚——布滿偵測氣味的感受器，還能幫眼睛擋住塵沙
4. 口器——一種進食和飲水用的長吸管
5. 胸部——分為3節，包含負責飛行用的肌肉
6. 前翅 ┐
7. 後翅 ┘ 兩對可重疊的翅膀，用來振動飛行，有時用來滑行
8. 翅脈——不同屬蝴蝶的翅脈是各不相同，為分類的依據
9. 腹部——內有消化系統、呼吸系統、心臟和生殖器官
10. 腳——蛺蝶科以外的蝴蝶都有3對腳
11. 鱗片——翅膀上布滿像塵粒一樣細小的有色鱗片

Metamorphosis

變態

蝴蝶的生命週期分成4個階段：1.卵、2.幼蟲（毛毛蟲）、3.蛹、4.成蟲
（蝴蝶）。

有些雌蝶每次只產下數
顆卵，有些會同時產下
一大團數百顆卵。

卵

毛毛蟲

巴爾的摩
格紋蛺蝶

蝴蝶

蛹

嚇退掠食者的假眼

卵

虎紋鳳蝶

毛毛蟲

支撐用的
絲帶

蝴蝶

蛹

毛毛蟲會在蛻皮好幾次的過程中逐漸長大，每蛻一次皮就多一齡。

卵

毛毛蟲

長尾弄蝶

蝴蝶

蛹

蝴蝶破蛹而出之後必須先將翅膀晾乾，所需時間可能長達3小時。

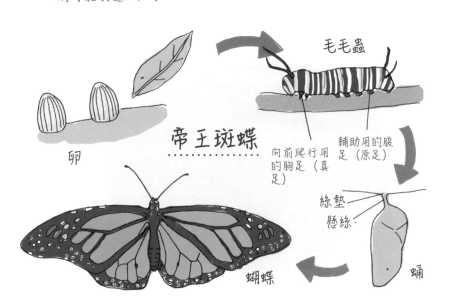

毛毛蟲

卵

帝王斑蝶

向前爬行用的胸足（真足）

輔助用的腹足（原足）

絲墊

懸絲

蝴蝶

蛹

加拿大

太平洋

美國

墨西哥灣

帝王斑蝶大遷徙

帝王斑蝶和候鳥一樣，每年冬天向南遷徙，夏天再北上。蝴蝶的生命週期很短，所以每批遷徙的帝王斑蝶可能全是新生的一代。

帝王斑蝶的幼蟲只吃馬利筋，其中含有強心苷，所以帝王斑蝶對於捕食牠的鳥獸來說是有毒的。

牠們的鮮豔顏色，可以威嚇掠食者。

PLANTS THAT ATTRACT BUTTERFLIES
吸引蝴蝶的植物

茴藿香
吸引紅紋麗蛺蝶、帝王斑
蝶、小紅蛺蝶、鹿眼蛺
蝶、米氏龜甲蛺蝶、藍鳳
蝶和黃蝶。

大葉醉魚草
吸引帝王斑蝶、鹿眼蛺蝶、香芹黑鳳蝶、藍鳳蝶、美
國喙蝶、北美斑豹蛺蝶、弦月紋蛺蝶、紅紋麗蛺蝶、
小紅蛺蝶、花弄蝶和蛺蝶科其他蝴蝶。

曲萼茶
吸引北美琉璃小灰蝶、珊瑚紋灑灰
蝶、條紋灑灰蝶、愛氏灑灰蝶和阿卡
迪亞灑灰蝶。

大金光菊
吸引北美斑豹蛺蝶、弦月紋蛺蝶、
總督線蛺蝶、帝王斑蝶和藍灰蝶亞
科的蝴蝶。

龜頭花
吸引銀斑弄蝶、山胡椒鳳蝶
和虎紋鳳蝶。

❧ BEAUTIFUL BUTTERFLIES ❧

美麗的蝴蝶

朱紋黑蛺蝶
(Biblis hyperia)
分布於墨西哥至巴拿馬及
德州南部。
翼展5-5.4公分

黃褐星紋蛺蝶
(Asterocampa clyton)
分布於南安大略、內布拉
斯加州、威斯康辛州、麻
薩諸塞州,以及德州東部
到南部和喬治亞州南部。
翼展4.1-7公分

格紋巢蛺蝶
(Chlosyne theona)
分布於德州中部偏東、新墨西哥
州南部,以及亞歷桑納州中部。
翼展3.2-4.4公分

美洲燕藍灰蝶

(*Everes comyntas*)

分布於加拿大南部至中美洲，以及洛磯山脈以東。

翼展1.9-2.5公分

加利福尼亞狗臉粉蝶

(*Zerene eurydice*)

分布於加州海岸山脈、內華達山脈西側低海拔山區，以及亞利桑納州西部。

翼展4-6.4公分

山胡椒鳳蝶

(*Pterourus troilus*)

分布於北美洲東部

翼展8.9-11.4公分

斑馬長翅毒蝶
(Heliconius charitonius)

從中美洲到南美洲皆可看到，還有德州南部和佛羅里達半島，偶爾也出現在新墨西哥州、內布拉斯加州及加州南部。

翼展7.6-8.6公分

透翅蛺蝶
(Siproeta stelenes)

分布於中美洲、墨西哥到佛羅里達州南部和德州南部。

翼展8.5-9.8公分分

白格紋花弄蝶
(Pyrgus albescens)

分布於加州南部、亞利桑納州南部、新墨西哥州南部、德州西部和南部、佛羅里達州，以及墨西哥。

翼展2.5-3.8公分

鹿眼蛺蝶
(*Junonia coenia*)

分布於加拿大的曼尼托巴省南部、安大略省、魁北克省及新斯科細亞省，以及美國除了西北部以外的其他地區。

翼展4.4-7公分

劍尾鳳蛺蝶
(*Marpesia petreus*)

分布地從巴西到中美洲，以及從墨西哥到佛羅里達南部；偶爾出現在亞利桑納州、科羅拉多州、內布拉斯加州、堪薩斯州，以及德州南部。

翼展6.6-7.3公分

捷襟粉蝶
(*Anthocharis sara*)

分布於阿拉斯加沿岸南部至下加利福尼亞州，主要在北美洲的大陸分水嶺以西。

翼展2.5-3.8公分

❧ COLORFUL MOTHS ❧

五顏六色的蛾類

小透翅天蛾

(*Hemaris thysbe*)

翼展3.8-5公分

粉楓天蠶蛾

(*Dryocampa rubicunda*)

翼展2.9-5公分

伊歐天蠶蛾

(*Automeris io*)

翼展5-7.6公分

寇洛那燈蛾

(*Haploa colona*) 翼展3.8-5.7公分

蝴蝶	VS.	蛾
·白天時活動		·夜間出來活動
·靠視覺尋找配偶		·靠嗅覺尋找配偶
·沒有聽覺		·有聽覺
·靠陽光取暖		·靠飛行取暖
·化成懸吊的蛹		·吐絲結繭

美洲白線紋天蛾
(*Hyles lineata*)
翼展6.4-8.9公分

長尾水青蛾
(*Actias luna*)
翼展7.9-11.4公分

棉斑角蝎蛾
(*Citheronia regalis*)
翼展12-14.9公分

莎草的莖呈三角柱形

燈心草的莖呈圓柱形

禾草的莖從下到上全部中空

凌風草

刺尖燈心草

垂穗
格蘭馬草

寡花三芒草

岩薹草

小燈心草

黃土香

油莎草

草地早熟禾

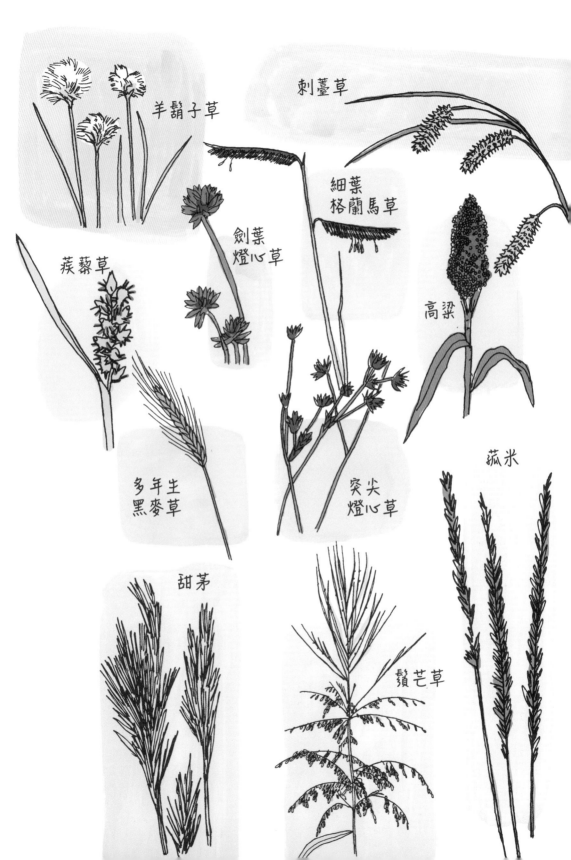

羊鬍子草

刺薹草

細葉
格蘭馬草

劍葉
燈心草

蕨藜草

高粱

多年生
黑麥草

突尖
燈心草

菰米

甜茅

鬚芒草

GRAZING EDIBLES
可食用的野生植物

菊苣嫩葉

早春的嫩芽可生食，
根部烘烤後，磨碎可
以替代咖啡。

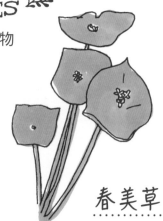

春美草

葉片多汁且營養，做成生菜沙
拉十分可口。

堇菜

嫩葉很美味，
漂亮的花瓣可
糖漬或生吃。

藜（灰菜）

在野外生長茂盛且含
有營養成分，可當成
菠菜來料理。

蒲公英嫩葉

摘取整叢中間的小片葉子，可稍微
蒸熟或直接生吃。

紅菽草
(紅三葉草)

富含蛋白質，葉子炒熟後很
好吃，花朵可以泡成茶。

毛蕊花

花朵和葉子泡的茶有
鎮咳潤肺的效果。

車前草

嫩葉汆燙後可食用；種子磨成的
粉很營養，可加入麵粉做麵包。

蓍草

花朵可以泡出清香的
好茶；葉子可以在釀
啤酒時替代啤酒花。

酢漿草

花、葉和果實滋味酸
甜，是路邊就能取得
的小零嘴。

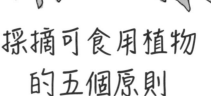

採摘可食用植物
的五個原則

1. 仲春時節最容易找到美味可口又有營養的野生植物。

2. 只採整區植物的一小部分，隔年就能再回來採摘。

3. 只去以前不是工業或商業用地、土壤未曾受到汙染的地區採摘。

4. 確認當地對於野外採食植物的相關規定，採摘前也要徵得土地所有人同意。

最重要的一點：

5. 一些有毒的植物和可食用植物長得很像，所以除非你百分之百確定是什麼植物，否則「絕對」不要吃下肚。

野外採食家珍妮·肯德勒獨家食譜：
金針花鑲戈根佐拉起司

新鮮金針花（選用已成熟但尚未綻放、約6.4-8.9公分的花苞）

橄欖油

戈根佐拉起司，或個人偏好的藍紋起司（儘量選用當地產的起司）

現磨胡椒粒

烤箱預熱至200℃。將金針花鋪在已薄塗上一層橄欖油的烤盤上。將金針花輕輕剝開並填入起司，再將花瓣儘量蓋回密合。在填好起司的金針花上再刷一點橄欖油，在上面灑上適量現磨胡椒粒。放入烤箱，烤到起司變焦黃並冒泡即可，趁熱享用。記得邀集好友和你一起享用以新鮮現採金針花製作的創意料理。

INCREDIBLE INSECTS AND BUGS ABOUNDING

不可思議的各類蟲子

二星瓢蟲

甲蟲

科羅拉多
金花蟲

加利福尼亞
大葦蟲

捲心菜
斑色蝽

直紋芫菁
（地膽）

糖楓天牛

甲蟲是世界上種類最多樣的生
物，地球上每4種生物中就有
一種是甲蟲。

黑松斑
天牛

玫瑰
象鼻蟲

螢光
叩頭蟲

紅鹿深山
鍬形蟲

寄生蠅

幼蟲是一種擬寄生昆蟲，會寄生在其他昆蟲體內，最後將寄主殺死。

草色飛蝗

可以向上跳起至自己身長20倍的高度，相當於身高180公分的人向上跳36公尺高（約十層樓高）。

紅帶葉蟬

全身布滿細毛，還會分泌一種含有費洛蒙的防水體液包覆全身。

螳螂

螽斯

雌螳螂有時會在交配時將雄螳螂的頭咬下來吃掉。

螽斯的英文名稱「katydid」，源自於牠們發出的鳴聲類似：「Katy did Katy didn't」。螽斯在秋天時會產卵於草上或土中，但直到春天才開始孵卵。

有些蟬的生命週期很長，牠們住在地下，靠樹根維
生，13年到17年之後才爬出地面。雄蟬在交配期
間會一大群集體發出十分響亮的鳴聲，可能大到超
過120分貝（超過部分地區的噪音管制標準），這
除了求偶之外，也能嚇退想獵捕牠們的鳥類。

十七年蟬

亞利桑納沙漠金蠍

北美洲體型最大的蠍子，身長最長可達14公
分，牠們是靠蛇和蜥蜴維生。

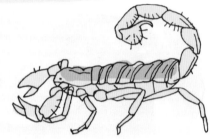

細腰大蚊

從光亮的地方飛到暗處時就像
突然隱形，只能約略看見牠們
身上的白斑。

棘角蟬

棲息在樹幹上時會
偽裝成棘刺。

雪跳蟲

這種跳蟲的腹部藏著獨特的彈跳器官，能在半空
中彈起足足10公分高。

蜻蜓

黑寡婦蜻蜓

白尾蜻蜓

琥珀翼蜻蜓

道氏藍豆娘

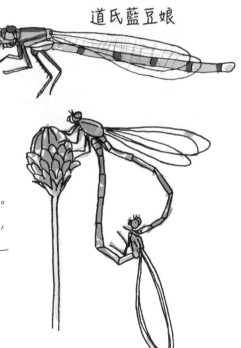

蜻蜓和豆娘常常在飛行中進行交配。
右圖的交配姿勢稱爲「輪狀姿勢」，
因爲此時牠們的頭和身體連結在一
起，形成一個圓形。

SPECTACULAR SPIDERS
功力高超的蜘蛛

蜘蛛出現在地球上的時間比人類至少長500倍，牠們和蠍子、蜱與蟎一樣都屬於蛛形綱。蜘蛛和昆蟲的差異在於蜘蛛身體分為兩節，而且沒有觸角。

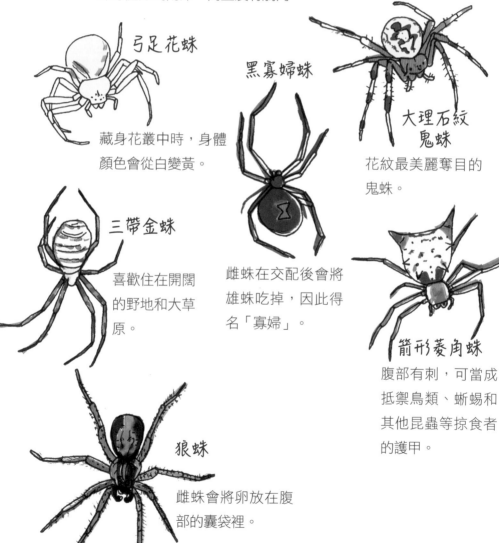

弓足花蛛
藏身花叢中時，身體顏色會從白變黃。

黑寡婦蛛
雌蛛在交配後會將雄蛛吃掉，因此得名「寡婦」。

大理石紋鬼蛛
花紋最美麗奪目的鬼蛛。

三帶金蛛
喜歡住在開闊的野地和大草原。

箭形菱角蛛
腹部有刺，可當成抵禦鳥類、蜥蜴和其他昆蟲等掠食者的護甲。

狼蛛
雌蛛會將卵放在腹部的囊袋裡。

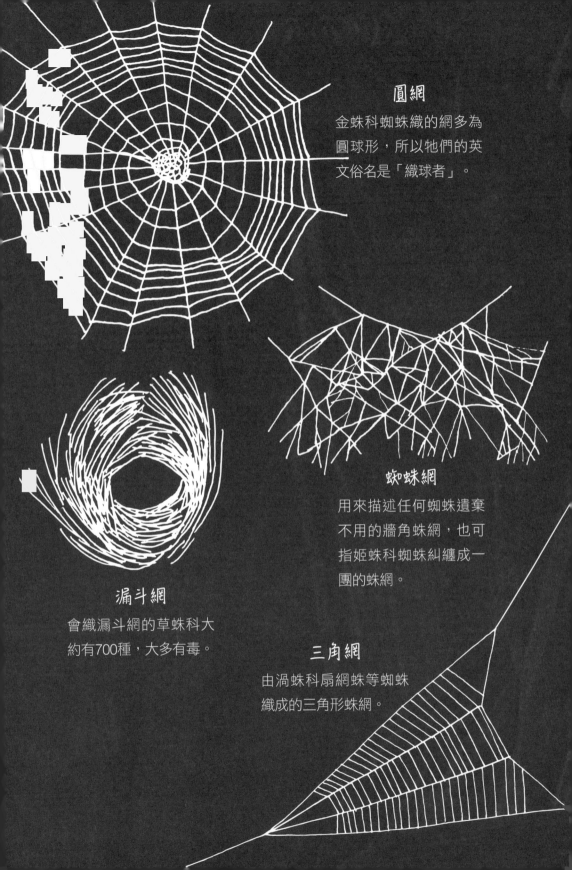

圓網

金蛛科蜘蛛織的網多為
圓球形，所以牠們的英
文俗名是「織球者」。

蜘蛛網

用來描述任何蜘蛛遺棄
不用的牆角蛛網，也可
指姬蛛科蜘蛛糾纏成一
團的蛛網。

漏斗網

會織漏斗網的草蛛科大
約有700種，大多有毒。

三角網

由渦蛛科扇網蛛等蜘蛛
織成的三角形蛛網。

ANATOMY OF AN ANT
螞蟻的解剖構造

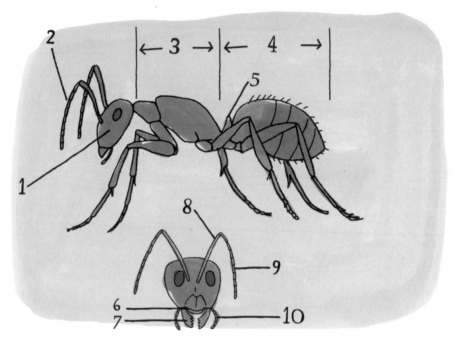

1. **頭部**——包括口器、大顎、眼睛和觸角
2. **觸角**——用來嗅聞氣味、辨認同窩螞蟻和偵察敵蹤
3. **胸部**——與3對足相連的身體中段
4. **腹部或腹錘部**——內有重要器官及生殖器
5. **前伸腹節**——連接胸部和腹部
6. **上唇**——口器的一部分
7. **大顎**——用來挖掘、搬運、採集食物和築巢
8. **柄節**——觸角的基部
9. **鞭節**——觸角末端一節一節的部分，用來嗅聞氣味
10. **下唇鬚**——具備下唇的功能

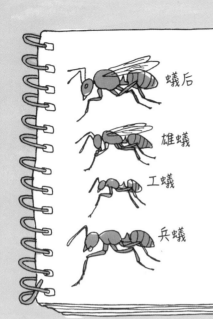

蟻后

雄蟻

工蟻

兵蟻

蟻群在地球上幾乎每個陸地都成功建立窩巢，牠們是在大約1億2,000萬年前由類似黃蜂的生物演化而來，牠們的社會結構和蜂群仍有不少相像之處。

螞蟻從蚜蟲
取食蜜露

乍看之下，螞蟻對待已死同類的方式似乎和人類一樣：如果有螞蟻死掉，牠的屍體會等兩天才被搬動。這是因為螞蟻死去兩天之後，會開始腐敗並散發一種稱為油酸的化學物質，其他螞蟻聞到之後，會認為是有異味的外來物，就會將屍體搬到廢棄物堆。昆蟲學家愛德華·威爾森發現，如果在活螞蟻身上灑油酸，其他螞蟻會以為牠已經死了，而將牠搬走。

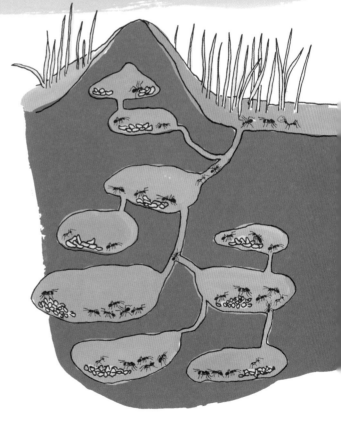

第4章
野外郊遊

Take a Hike

樹形

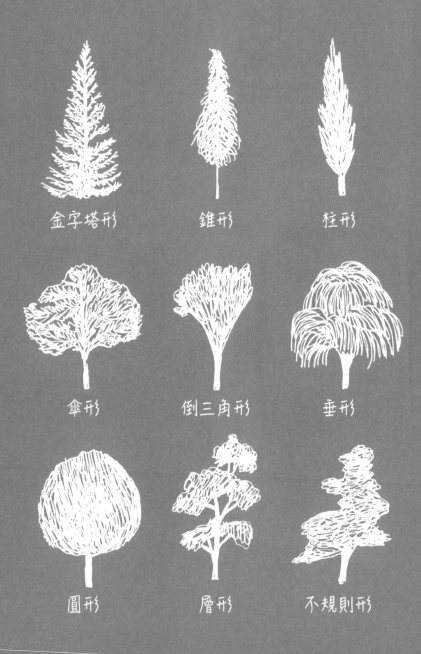

金字塔形　　　錐形　　　柱形

傘形　　　倒三角形　　　垂形

圓形　　　層形　　　不規則形

ANATOMY OF A DECIDUOUS TREE
落葉樹的解剖構造

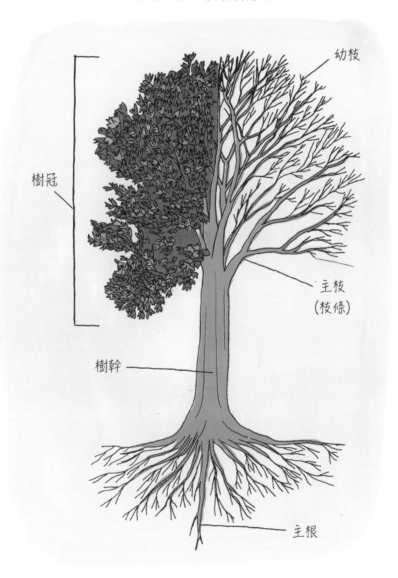

幼枝

樹冠

主枝
(枝條)

樹幹

主根

ANATOMY OF A TRUNK
樹幹的解剖構造

邊材
將水分和礦物質由根部運送到其他部分。

心材
由非活性細胞構成,為樹木的中央部分,
提供結構性的支柱。

形成層
是活動旺盛的細胞層,
在此快速分裂增生的細
胞會形成木材或樹皮。

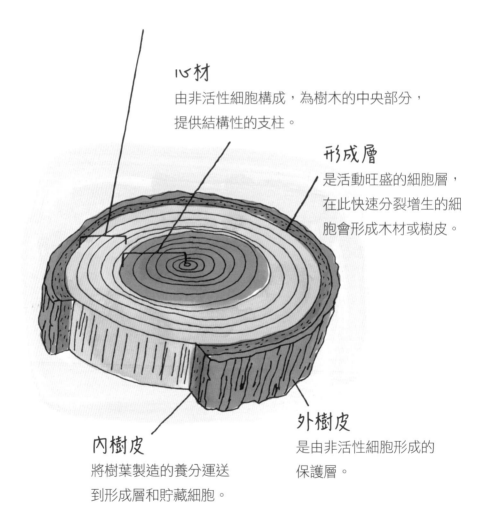

內樹皮
將樹葉製造的養分運送
到形成層和貯藏細胞。

外樹皮
是由非活性細胞形成的
保護層。

樹木年代學

(藉由計算樹幹橫剖面上的年輪來鑑定樹木的年齡)

樹木木材部分的細胞會在橫剖面上形成一圈圈的
環紋,通常一年會形成一圈,所以俗稱年輪。溫帶
地區冬夏分明,樹木的年輪最為清晰。如果生長期
很長而且多雨,年輪就會比較寬,如果乾燥少雨的
話,形成的年輪就會很窄。

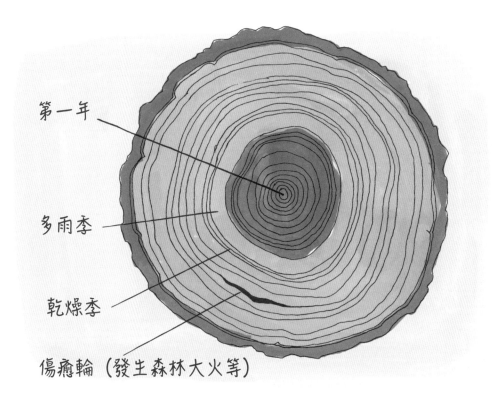

第一年

多雨季

乾燥季

傷癒輪 (發生森林大火等)

世界上現存最長壽的樹木,是一棵位在美國加州白山的刺
果松,被命名為「哈奇樹」或「老哈拉」。科學家鑽取樹
心樣本後,發現它共有5,063個年輪。

LEAF IDENTIFICATION
辨認葉片

葉形

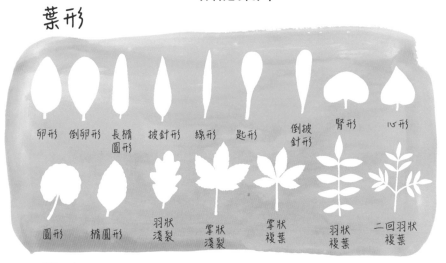

卵形　倒卵形　長橢圓形　披針形　線形　匙形　倒披針形　腎形　心形

圓形　橢圓形　羽狀淺裂　掌狀淺裂　掌狀複葉　羽狀複葉　二回羽狀複葉

葉緣 (葉身邊緣)

全緣　波狀緣　鋸齒緣　不規則裂緣　鈍鋸齒緣

脈系 (葉片上的脈紋分布)

弧形脈　掌狀脈　平行脈　羽狀脈　網狀脈

鵲豆
心形葉

粗葉燈台樹
弧形脈

櫸榆
卵形葉
鈍鋸齒緣

楓香
掌狀淺裂葉
鋸齒緣

甘氏櫟
羽狀淺裂葉

葉子的構造

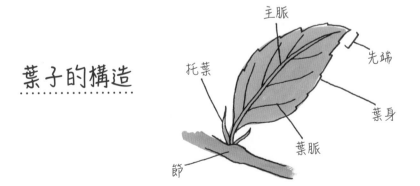

主脈
先端
托葉
葉身
葉脈
節

NORTH AMERICAN
❧ TREES ❧
北美洲的樹

最粗

巨杉（世界爺）
(Seuoiadendron giganteum)

巨杉的樹幹最粗，一棵成
熟巨松每年結出1萬1,000
顆毬果，可產出多達40萬
顆的種子。

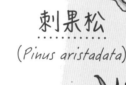

北美紅杉
(Sequoia sempervirens)

最高

世界上現存最
高的樹都是北
美紅杉，可以
長到115.5公
尺高。

刺果松
(Pinus aristadata)

這是地球上目前已
知最長壽的生物，
活了至少有5千年
之久！

最老

美洲榆
(Ulmus americana)

由於真菌引發了荷蘭
榆樹病,導致這種榆樹日漸稀少。

楓香
(Liquidambar styraciflua)

這是春天最晚發芽、秋天
最晚落葉的樹木之一。

落羽松
(Taxodium distichum)

落羽松在地上呈膝狀的突起物,其實是稱
為「膝根」的樹根結構,可以幫忙穩定樹
身和從空氣中吸收氧氣。

膝根

維吉尼亞櫟
(Quercus virginiana)

樹身寬度大於高度的櫟樹種類不多,這是其中一種。

紅櫟
(Quercus rubra)

在生長條件良好的環境中,單棵紅櫟可活500年之久。

垂柳
(Salix babylonica)

美洲原住民草藥中的主要藥材來源,樹汁中的水楊酸即為阿斯匹靈的有效成分。

紙白樺
(Betula papyrifera)

將樹汁熬煮提煉出的濃稠漿液,就成了樺樹糖漿。

洋楊梅
(*Arbutus menziesii*)

生長於北美洲西部沿岸的常
綠喬木，剝落的老樹皮呈捲
起薄片狀。

糖楓
(*Acer saccharum*)

楓樹屬的124種楓樹中，有
13種的樹汁可以製作成楓
糖，其中又以糖楓和黑楓的
樹汁含糖量最高。

鹿角鹽膚木
(*Rhus typhina*)

果實吃起來有種柑橘類水果
的爽口酸味，泡水加糖就成
了好喝的夏末飲品。

野生黑櫻桃
(*Prunus serotina*)

新生枝葉被劃破或斷裂時會散發一股類似杏仁的味道。

洋玉蘭
(*Magnolia grandiflora*)

開出的碩大白花香氣撲鼻，大朵的直徑可能長達30公分。

銀杏
(*Ginkgo biloba*)

銀杏非常特殊，是同門植物中唯一的物種。

美國西部黃松
(*Pinus ponderosa*)

這種松樹演化到能夠在森林野火中倖存。樹幹上溝槽部分的樹皮據說聞起來有香草味。

黑胡桃
(Juglans nigra)

核果可用來製作黃色和
褐色的染料。

北美落葉松
(Larix laricina)

雖然看起來像常綠針
葉樹，但這種樹的葉
子在秋天時還是會枯
黃掉落。

崖薔薇
(Cowania mexicana)

它的種子帶有許多長毛，會像迷你
降落傘一樣四處飛散。等種子落地
之後，長毛在風吹拂之下會捲起形
成鑽頭，幫種子鑽進土裡。

太平洋紅豆杉
(Taxus brevifolia)

治療癌症用的化療藥物
太平洋紫杉醇就是從這
種樹提煉而成。

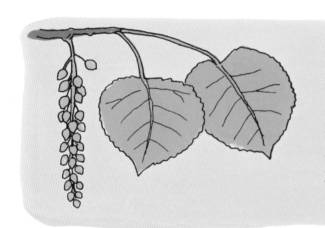

東部白楊
(*Populus deltoides*)

北美洲最大型的硬木樹
之一，通常能活70-100
歲。

黃金樹
(*Catalpa speciosa*)

美國中西部的原生樹
種，樹的高度中等，
是常見的景觀樹。

大紅樹
(*Rhizophora mangle*)

在其他植物難以生存的濱海
地帶和鹹水沼澤，這種樹反
而生長旺盛。它們的種子在
落地生根之前，會先在樹頭
上發芽，長成完整的幼苗。

黑洋槐

(Robinia pseudoacacia)

由兩兩對生的小葉構成的
葉子，長達15至30公分，
會在夜間閉合。

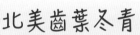

北美齒葉冬青

(Ilex opaca)

只有雌樹會長出聖
誕節裝飾中常用上
的紅色漿果。

焰果山楂

(Crataegus chrysocarpa)

叢生的低矮灌木可以提供小型
鳥類遮蔽處，果實可以曬成果
乾，或做成派餡、果醬。

巨絲蘭

(Yucca faxoniana)

這種沙漠植物的尖刺狀葉片可以長到1.3公尺長，開滿
乳白色花朵的花序可能高達0.6公尺。

❧ BEAUTIFUL BARK ❧
美麗的樹皮

薄皮山核桃
(*Carya ovata*)

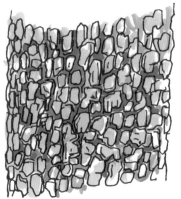

大花山茱萸
(*Cornus florida*)

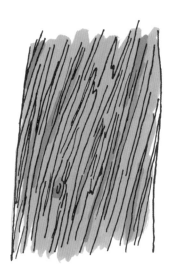

美國崖柏
(*Thuja occidentalis*)

美國梧桐
(*Platanus occidentalis*)

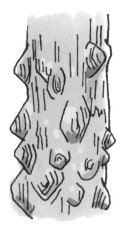

美國刺椒
(*Zanthoxylum clava-herculis*)

銀白楊
(*Populus alba*)

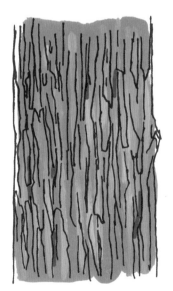

翅榆
(*Ulmus alata*)

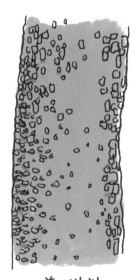

美洲朴
(*Celtis occidentalis*)

美洲李
(*Prunus americana*)

紅榆
(*Ulmus rubra*)

SOME
FLOWERS,
CONES,
SEEDS
+ FRUITS
OF TREES
樹木的花朵、毬果、
種子與果實

北美銀柳
(*Salix discolor*)

俄亥俄七葉樹
(*Aesculus glabra*)

白蠟槭
(*Acer negundo*)

赤楊
(*Alnus rubra*)

小泰山木
(*Magnolia virginiana*)

美洲胡桃
(*Carya illinoensis*)

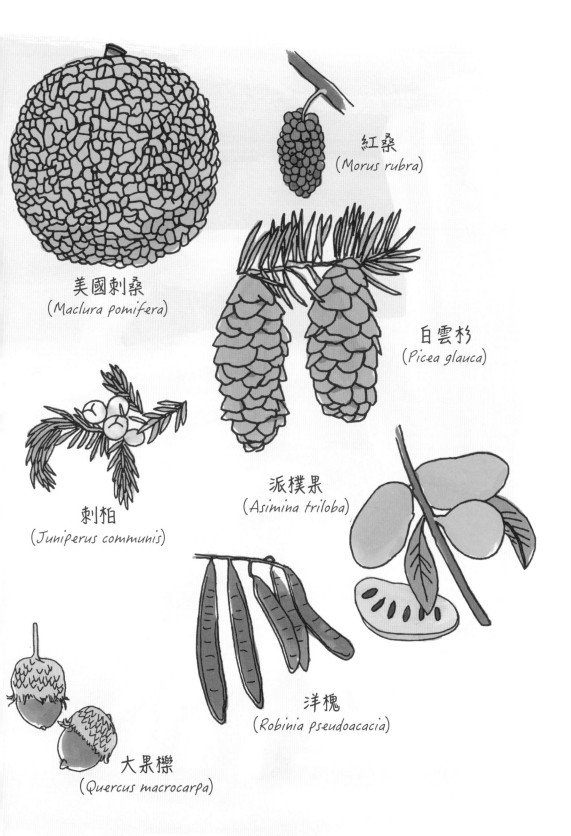

美國刺桑
(*Maclura pomifera*)

紅桑
(*Morus rubra*)

白雲杉
(*Picea glauca*)

刺柏
(*Juniperus communis*)

派撲果
(*Asimina triloba*)

洋槐
(*Robinia pseudoacacia*)

大果櫟
(*Quercus macrocarpa*)

Printing Patterns

葉脈拓印

工具

- ·滾筒
- ·拓印用油墨
- ·調色盤
- ·要印上圖案的紙張或布
- ·廢紙

步驟

收集特別的葉片、小樹枝、花朵、草等。記得不要在同一株植物採太多，也不要採到瀕臨絕種的植物。

在調色盤上倒一點油墨，用滾筒在上面來回滾一下，直到均勻沾滿，滾的時候應該會有沾黏的吱嘰聲。

將葉片平放在不要的廢紙上，將沾了油墨的滾筒直接滾過葉片，儘量讓油墨均勻分布在葉片表面。

將布滿油墨的葉片按壓在紙上或布上，然後用力按壓葉片，確保油墨都轉印上去。慢慢剝起葉片，拓印圖案就完成了。

小訣竅

試試看用不同的力道按壓。有時候印得淺淺的，反而比印得厚重好看。也可以試著改成將紙按在上了油墨的葉片，看看印出來效果怎樣。

或者來嘗試不同設計：例如用同一顏色來拓印很多葉片，或同樣的葉片用很多顏色來印，或者重複印出連續的圖案。

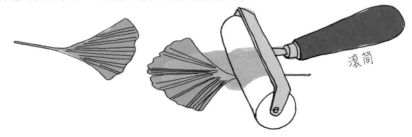

滾筒

ANATOMY OF A FERN
蕨類的解剖構造

葉身

羽片
小葉

軸
葉柄在葉身中的部分

小羽片
羽片中的一小片

葉柄

蕨葉
葉身＋葉柄

蕨芽 尚未伸展開來的蕨葉

根莖

美東狗脊蕨
(Woodwardia areolata)

紐約金星蕨
(Thelypteris noveboracensis)

鐵角蕨
(Asplenium trichomanes)

✤ PRETTY, PRETTY LICHEN ✤

華美的地衣

地衣是一種奇妙的複合生命體，由真菌和藻類共生形成，它們不像苔蘚類呈翠綠色，也沒有葉片結構。

雖然地衣生長在沙漠、極地凍原，以及海水沖刷的海岸等世界上極端的自然環境，但也是非常好的空氣污染指標，因為它們極少出現在空氣窒悶的都市區域。

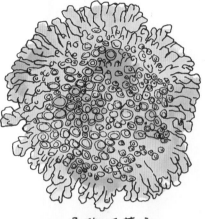

優雅石黃衣
(*Xanthoria elegans*)

攀壁石黃衣
(*Xanthoria parietina*)

風滾草黃梅衣
(*Xanthoparmelia chlorochroa*)

雪地茶
(*Thamnolia vermicularis*)

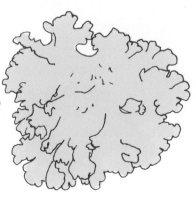

皺梅衣
(*Flavoparmelia caperata*)

❧ MYSTERIOUS MOSSES ❧
神祕的苔蘚

苔蘚是會產生孢子的微小植物，它們只有簡
單的擬葉，沒有花朵或種子，甚至沒有能吸
收水氣和養分的根部。苔蘚成群叢生在潮溼
陰暗的地點，在樹木朝北背陽的那一面常常
可以發現它們的蹤跡。

蟎和跳蟲等小蟲會受苔蘚的味道吸引前來，
有助於傳播它們的孢子。

有一種泥炭蘚的吸水力很強，吸水後的重量
可達乾燥時的20倍，因此在第一次世界大戰
時曾大量用來做為一種消毒紗布敷裹傷口，
用量高達好幾噸。

狹葉仙鶴蘚
(*Atrichum angustatum*)

東亞萬年蘚
(*Climacium americanum*)

匙葉蘚
(*Bryoandersonia illecebra*)

藍綠白髮蘚
(*Leucobryum glaucum*)

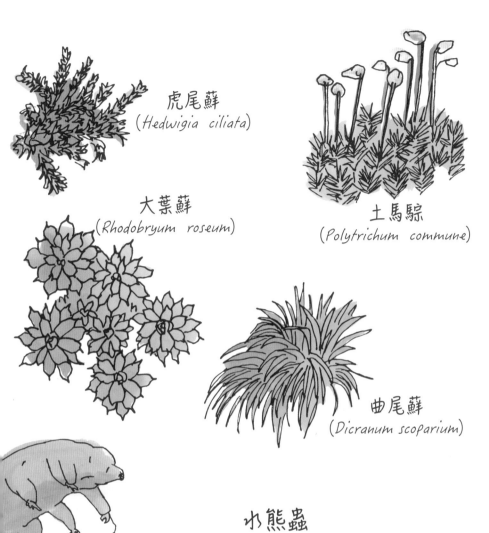

虎尾蘚
(Hedwigia ciliata)

土馬騌
(Polytrichum commune)

大葉蘚
(Rhodobryum roseum)

曲尾蘚
(Dicranum scoparium)

水熊蟲

水熊蟲也稱為緩步動物，有8隻腳、體型極小，多半生活在苔蘚和地衣上，也以這些植物為食。水熊蟲可能是世界上最能適應環境的動物，牠們能夠容忍的溫度範圍從攝氏零下150度到150度，而且即使體內只剩下3%的水分也能存活，能承受得住相當於海平面大氣壓力6,000倍的壓力，即使被足以殺死其他任何動物的輻射照到也能生還，甚至能夠在環境極端嚴苛的外太空生存。還有，牠們長得其實還滿可愛的！

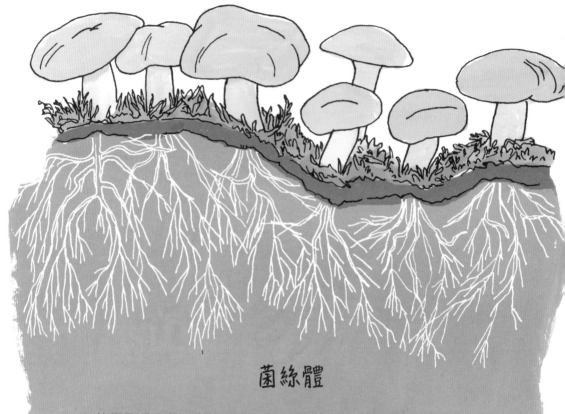

菌絲體

菌類是透過所謂的菌絲體吸收養分，這些白色的細絲會遍布於地下，形成一大片網絡。菌絲體藏在地下，有時會被誤以為是真菌的根部，但它其實才是真菌的本體。而地面上的蕈菇是子實體，只有在最適合散播孢子的時候會冒出來。

菌絲體在植物分解的過程中扮演了重要角色，但也可能和植物的根形成共生關係，成為「菌根」。大多數植物透過菌根吸收磷和其他養分，真菌則吸收植物製造的碳水化合物。

奧勒岡州東部的一片菌絲體經過測量，估計已存活2,200年，面積約有1,665個足球場大，足以角逐世界上最巨大、最長壽生物的頭銜。

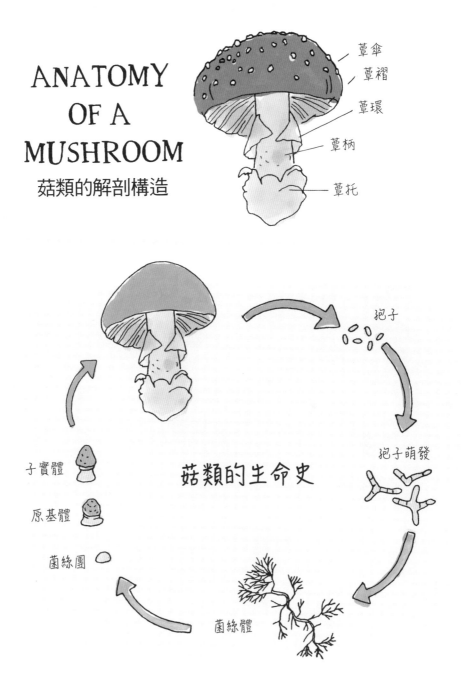

ANATOMY OF A MUSHROOM
菇類的解剖構造

蕈傘

蕈褶

蕈環

蕈柄

蕈托

菇類的生命史

孢子

孢子萌發

菌絲體

菌絲團

原基體

子實體

MARVELOUS MUSHROOMS
奇妙的蕈菇

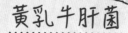

黃乳牛肝菌
(Suillus luteus)

這種菌菇的菌蓋下方不是菌褶，而是散播孢子的菌管。

毒蠅鵝膏菌 (毒蠅傘)
(Amanita muscaria)

這種蕈菇含有劇毒，吃了足以致命，幸好它的外形非常容易辨認。

松乳菇
(Lactarius deliciosus)

橘色的可食菇類，受壓或老化後會變成暗綠色。

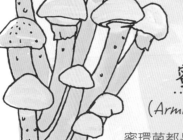

蜜環菌
(Armillaria mellea)

蜜環菌都是成群長在腐壞的木頭上，它的菌絲體對樹木可能有害，晚上則會發出生物螢光。

蠔菇 (秀珍菇)
(Pleurotus ostreatus)

極為美味的可食菇類，叢生在樹上就像耳朵。

紫絨絲膜菌
(*Cortinarius violaceus*)

可食，但不特別可口，以美麗的顏色吸引注目而知名。

雷氏鬼筆
(*Phallus ravenelii*)

分泌出的黏液聞起來類似腐肉的味道，以吸引蒼蠅和甲蟲前來幫助傳播孢子。

黃金銀耳
(*Tremella mesenterica*)

可食，但不好吃，看起來可能很溼黏油膩，有時也稱為「黃色大腦」。

毛釘菇
(*Gomphus floccosus*)

吃了會中毒。

灰樹花
(*Grifola frondosa*)

這種美味菇類叢生於櫟樹樹幹的基部，也稱為「舞菇」。

墨汁鬼傘
(*Coprinopsis atramentaria*)

流出的液體可以做成墨汁。可食用，但是吃了之後會對酒精極度敏感。

朽木

森林裡倒在地上的腐朽斷木乍看好像沒什麼，但其實裡頭生機盎然，動物和植物全都活躍其中。許多不同種的昆蟲幼蟲會鑽進腐朽的木頭裡過冬；還有，蝸牛和蛞蝓最喜歡脫落的枝葉碎屑；菌類也會在腐木上成長茁壯。蚯蚓會消化大量腐化的有機物質，再排出富含養分的蚯蚓糞。對地衣、苔蘚、花，甚至其他樹木來說，潮溼的腐木是最理想的育嬰室，可以在此生根茁壯。

常春藤

甲蟲

蜈蚣

真菌

蚯蚓

口器

肛門

環節

環帶

蚯蚓糞

蕨類

苔蘚

草類

地衣

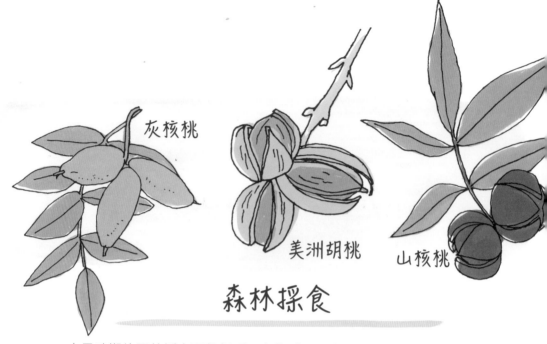

灰核桃

美洲胡桃

山核桃

森林採食

古早時期的野外採食習俗似乎正在復甦，現在大家會到森林中採集堅果、漿果和菇類，而在很多農夫市集也可以看到蕨芽和野韭菜。森林裡其他可採集的食材還包括：橡實、鳳仙花、雲杉的內層樹皮、山茱萸的果實和野櫻莓。

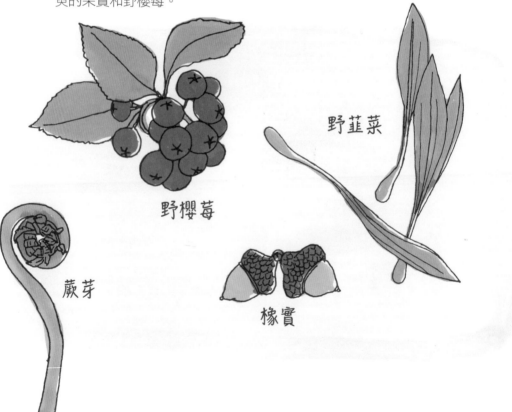

野韭菜

野櫻莓

蕨芽

橡實

乾煎牛肝菌
佐黃花酢漿草及白里香

新鮮美味牛肝菌450克

奶油2大匙

白酒30毫升

白里香1株切碎

野生黃花酢漿草的花和葉子

鹽和胡椒

美味牛肝菌
(Boletus edulis)

新鮮菇類烹煮後會變得很軟爛，用乾煎的方式料理不但能煎出漂亮的黃褐色，還能帶出菇類本身的風味和質地。這道料理的作法十分簡單：

以柔軟的烘焙用毛刷將菌菇上的塵土輕輕刷除。最好不要用水清洗，如果真的必須用水清潔，只要用一點冷水或用溼布擦拭。

將菌菇切成厚約0.8公分的薄片，將菌菇平放在全乾的平底鍋上用中大火乾煎，偶爾翻炒一下以免黏鍋。將菌菇煎到呈黃褐色且水分大多蒸發之後，加入奶油、白酒和白里香，拌炒幾分鐘讓菌菇吸收醬汁。

煎好後關火，灑上黃花酢漿草略帶酸味的花和葉子。依個人口味灑上鹽和胡椒。可搭配燉飯或義大利麵享用。

第5章
動物

Creature Feature

ANIMALS IN THE NEIGHBORHOOD

一些小動物

北美土撥鼠

也稱美洲旱獺，
危急時為了逃命
甚至能爬上樹。

浣熊

浣熊的掌爪非常敏感，
有5隻足趾，但沒有拇
趾。此外，牠們是游泳
健將。

負鼠

北美洲唯一一種有袋動物，
牠們跟袋鼠一樣，會將幼獸
裝在育兒袋裡哺育。

臭鼬

這種夜行性雜食動物的頭
號天敵，是沒有嗅覺的大
雕鴞。

鼴鼠

這種獨居在地下的動物吃
蠕蟲和甲蟲的幼蟲維生，
牠們幾乎全盲，聽覺卻很
靈敏。

ANATOMY OF A BAT
蝙蝠的解剖構造

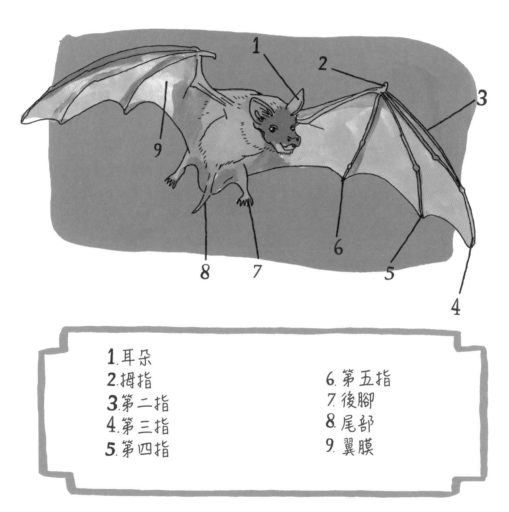

1. 耳朵
2. 拇指
3. 第二指
4. 第三指
5. 第四指
6. 第五指
7. 後腳
8. 尾部
9. 翼膜

蝙蝠是唯一真正能夠飛行的哺乳類動物。

❀ COMMON NORTH AMERICAN BATS ❀
北美洲常見的蝙蝠

目前已辨識出的蝙蝠超過1,000種，佔所有已分類哺乳類動物的20%。
捕食昆蟲的蝙蝠會發出超音波，利用回音定位找出獵物所在位置，準確
度高得驚人。大部分較大型的蝙蝠都是吃水果的果蝠，會幫助散播花粉
和種子。有3種吸血蝙蝠是以吸食動物血液維生，但相當罕見。

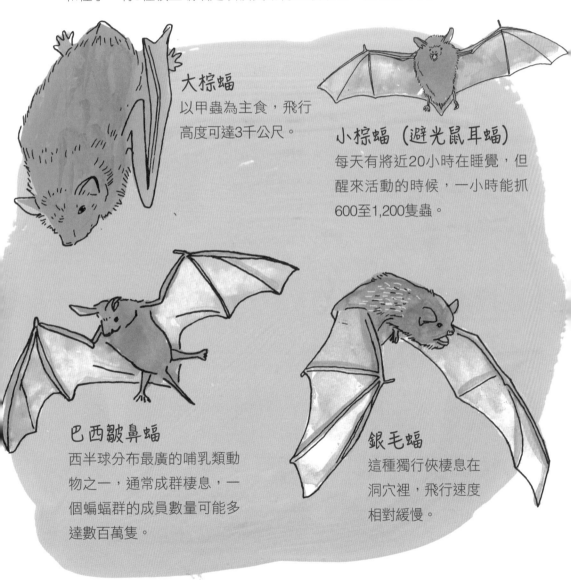

大棕蝠
以甲蟲為主食，飛行
高度可達3千公尺。

小棕蝠（避光鼠耳蝠）
每天有將近20小時在睡覺，但
醒來活動的時候，一小時能抓
600至1,200隻蟲。

巴西皺鼻蝠
西半球分布最廣的哺乳動
物之一，通常成群棲息，一
個蝙蝠群的成員數量可能多
達數百萬隻。

銀毛蝠
這種獨行俠棲息在
洞穴裡，飛行速度
相對緩慢。

≋TREE SQUIRRELS≋
樹松鼠

只有少數幾種哺乳類動物能夠頭前腳後爬下樹,這種松鼠是其中之一。

灰松鼠

北美紅松鼠以松樹和雲杉的毬果為主食,但也吃蕈菇、嫩芽、花朵,甚至鳥蛋。

北美
紅松鼠

這種夜行性松鼠也叫飛鼠,但牠們不是真的會飛,而是利用撐開體側皮膜產生的升力,在樹林間由上往下滑翔。牠們的「飛行」距離通常不會超過9公尺,不過曾有人看過鼯鼠一飛就滑了將近90公尺遠!

北方鼯鼠

GROUND SQUIRRELS
地松鼠

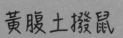

黄腹土撥鼠

這種土撥鼠不挖地洞，而是住在山區的岩堆裡。

草原犬鼠和土撥鼠都會在地洞外面站衛兵，監視掠食者蹤跡，一旦發現有蛇或鷹接近時，會發出鳴叫和哨聲警示同伴。

黑尾草原犬鼠

這種動物的社會化程度極高，在牠們生活的地下「城鎮」裡，地道結構錯綜複雜，裡頭可能住了分屬不同小家族的數百名成員。

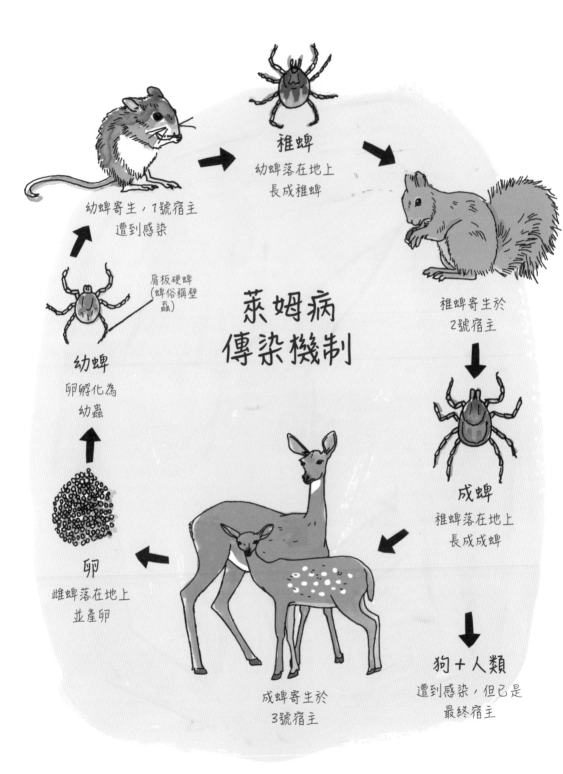

幼蜱寄生，1號宿主
遭到感染

稚蜱
幼蜱落在地上
長成稚蜱

肩板硬蜱
(蜱俗稱壁蝨)

稚蜱寄生於
2號宿主

幼蜱
卵孵化為
幼蟲

萊姆病
傳染機制

成蜱
稚蜱落在地上
長成成蜱

卵
雌蜱落在地上
並產卵

成蜱寄生於
3號宿主

狗＋人類
遭到感染，但已是
最終宿主

黑熊

· 體重在45到275公斤之間
· 耳朵豎直
· 肩膀平削
· 臀部隆起高出肩部
· 整個輪廓圓凸

VS.

棕熊（灰熊）

· 體重在135到365公斤之間
· 耳朵較圓且短
· 肩膀隆起
· 臀部斜削
· 外形輪廓內凹

THE ANIMAL UNDERGROUND

住在地下的動物

狐尾林鼠

牠們特別喜歡亮晶晶的東西，
會去撿瓶蓋、硬幣，甚至沾在
食物上的鋁箔紙碎片。

平原囊鼠

這群地底居民兩頰長了盛裝食
物用的大囊袋，還有閉起嘴巴
也遮不住的長牙。

獾

掘土鑽地的功夫一流，
遇到危險的時候能夠馬
上挖地洞躲進去。

俗稱花栗鼠，會將食物藏在兩頰的伸縮囊袋帶回窩裡。牠們的地下巢穴規模很大，還區分出臥房、食物儲藏室、廁所、育嬰室等不同功能的「房間」。

美東
金花鼠

體型最小、分布最廣的北美花栗鼠，牠們不冬眠，但會長期陷入生理活動遲緩的狀態。

小花栗鼠

花栗鼠的窩穴

❧SNAKES❧

蛇

過山刀（襪帶蛇）

食魚蝮

銅頭蛇

北美泥蛇

牛奶蛇（猩紅蛇）

西部響尾蛇

⬛ ：表示有毒

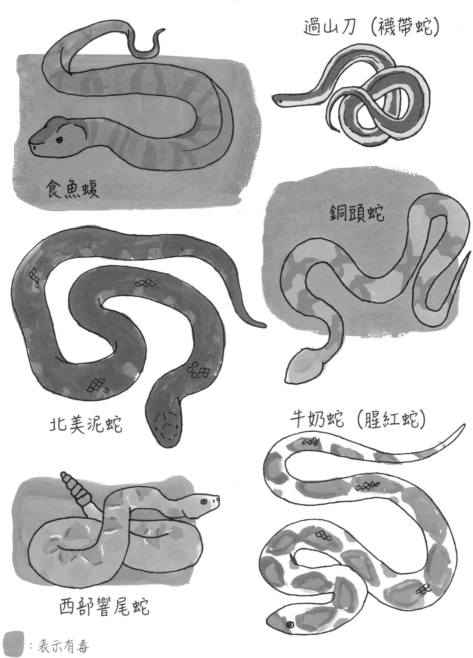

❈ LIZARDS ❈
蜥蜴

綠變色蜥

豹蜥

環頸蜥

德州角蜥

鈍尾毒蜥

WILD CATS

野生貓科動物

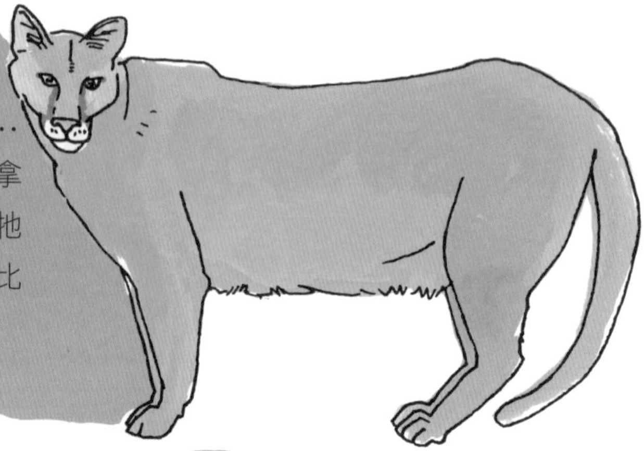

美洲獅（山獅）

美洲獅的分布地區從加拿大北部到南美洲南部，牠們和家貓的親緣關係，比和獅子的關係更近。

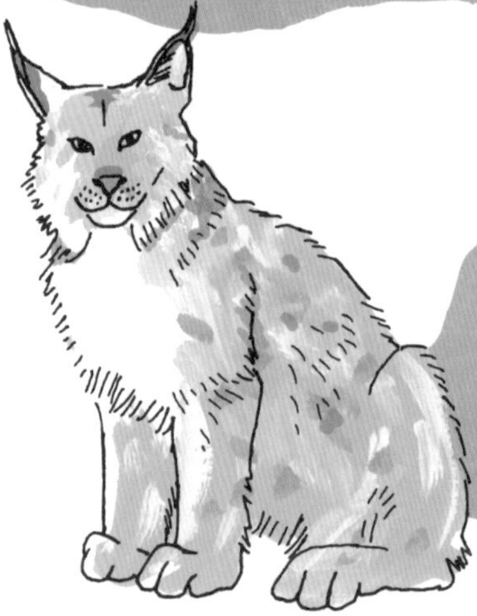

林猻（大山貓）

在常下雪的北方，林猻的腳掌有可能長得比人的手掌還大。

截尾貓（美國大山貓）

因為尾巴粗短而得名，體型比北方的表親林猻小，耳尖也沒有林猻的招牌簇毛。

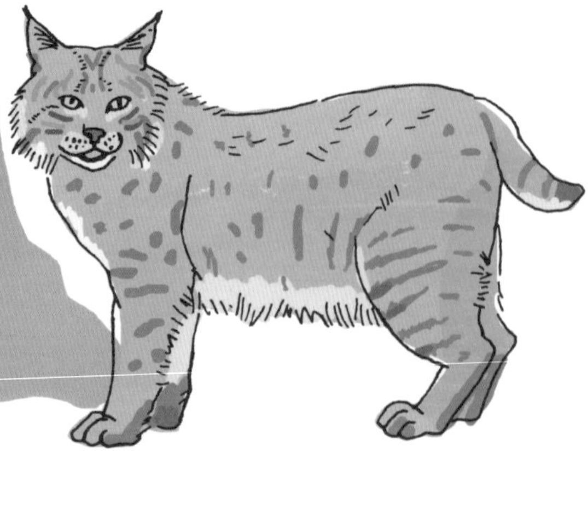

≋ WILD DOGS ≋
野生犬科動物

紅狐
臉上的鬍鬚和腿上的觸毛，能
幫助牠們辨別方向。

郊狼
會發出多種聲音傳遞和溝通
訊息，包括嚎叫、吠叫、咆
哮、高頻尖吼、哀鳴，甚至
長聲尖叫。

狼
整個狼群會一起照顧首領夫婦
所生的幼狼。

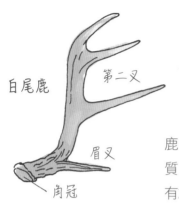

白尾鹿

第二叉

眉叉

角冠

ANIMALS WITH ANTLERS
長犄角的鹿

鹿角是由一層層的軟骨組成，在硬化成為骨質角之前，每天可以多長約2.5公分。通常只有雄鹿有角，每年脫落後會重新開始生長。

美洲赤鹿

美洲赤鹿也叫加拿大馬鹿，會用吠叫、呦鳴、長聲尖鳴等不同的叫聲和同伴溝通，公鹿在發情期（交配季節）會發出嘹亮獨特、類似號角響聲的高頻鳴叫。

馴鹿

研究發現馴鹿會用犄角掘雪，這或許可以解釋為什麼有些雌鹿也長角。

... AND HORNS

……和其他長犄角的動物

在牛羊等獸類頭上永久性突生的犄角中，最裡面是骨質，外面包覆角蛋白，通常雄雌都有，從角上的環紋還能推算動物的年齡。

大角羊

捲曲的巨大羊角可能重達
13.6公斤。

叉角羚

叉角羚全速奔跑的時速最高曾超
過每小時88.5公里，是美洲陸地
上跑得最快的哺乳動物。

AQUATIC MAMMALS
水生哺乳類動物

麋鹿
最常出現在北美洲北部的池塘和林澤附近，以極地植物為主食，在保護幼獸時會變得非常凶暴。

為了保存能量，公鹿的鹿角每年冬天會脫落，隔年春天重新生長，新長出的鹿角會比前一年的更巨大。

麝田鼠

尾巴上覆有鱗片而非毛髮，
有利於在水中游動。

水獺

淘氣的水獺喜歡待在水裡，
潛入水中捕魚的時候會閉起
耳朵。

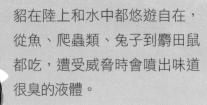

貂

貂在陸上和水中都悠遊自在，
從魚、爬蟲類、兔子到麝田鼠
都吃，遭受威脅時會噴出味道
很臭的液體。

河狸壩

河狸是一種大型夜行性囓齒類動物，能夠改變周遭的自然環境。牠們的牙齒和下顎強壯有力，能夠啃咬截斷相當粗的樹幹，將斷木拖到溪河上安放固定，建築出水壩和龐大的窩巢。河狸築壩攔水形成的池塘可能淹沒周圍好幾公頃的土地，足以改變整個生態系。

河狸帶給自然環境的影響之大，僅次於人類。

河狸窩

河狸窩是用好幾噸重的溼泥和樹枝築成，周圍
有壕溝保護，自成一個小天地，供河狸在其中
過冬和生養幼獸。

受到威脅的時候，河狸會
用寬扁的尾巴拍打水面，
對周遭的生物來說是很特
別的警訊。

蠑螈

「蠑螈科」在生物學分類中，指的是一種
終生有尾的兩棲類，包含蠑螈和鰻螈。
大部分成體蠑螈既沒有肺，也沒有鰓，靠
著皮膚和口腔裡能夠透氣的內膜呼吸。

北美大鯢

皮膚有很多褶皺，增
加的表面積有助於吸
收水中的氧氣。

虎斑鈍口螈

身上有類似虎斑的條紋，
足底有兩個突出的小瘤。

小鰻螈

從出生就一直有可以清楚
看見的鰓。

黏滑螈

會分泌具有惡臭味的液
體，來嚇阻掠食者。

紅土螈

年輕時鮮紅的體色
會隨著年紀增長而
褪色。

紅斑蠑螈

牠的雙眼、四肢、下顎和部分內臟
在受傷或折斷後都會再生。

龜鱉

烏龜的甲殼由幾十塊骨
頭組成，其中包括從脊椎和肋骨增生的骨板。

擬鱷龜
沒辦法完全縮
進殼裡。

刺鱉
刺鱉扁平的甲殼質地類似皮
革，常全身浸在泥漿裡，只
露出尖尖的鼻吻。

木紋龜
以軟體動物、小動物
和植物為食。

鑽紋龜
有些雌龜會長成雄龜
的兩倍大。

錦龜
喜歡成群聚集，常在斷木上排排坐曬
太陽，有時還會玩起疊羅漢。

OUTSTANDING ADAPTATIONS
生物奇特的適應力

北美短尾鼩鼱

鼩鼱是世界上體型最小的哺乳類動物之一,會分泌有毒的唾液自保和麻醉獵物。

雪鞋兔

雪鞋兔是換季時會變色的野兔,冬季時一身雪白,夏季時又換上一身褐色毛皮。名稱由來是腳掌下方纏結在一起像墊子的毛,既保暖又有利於在雪地上行動。

豪豬

每隻豪豬身上約有3萬根尖刺,這些末端有倒鉤的刺其實是一種變形的毛髮。

狼獾

鼬科動物中體型最大的成員，長得虎背熊腰，能打倒比自己大很多的動物。原生於北半球的極北地區，在崎嶇的積雪野地上長途跋涉也不會疲累。

美洲野牛

遭到攻擊時會在弱小幼獸周圍圍成一圈，將尖銳牛角和粗厚肩膀一致朝外對抗敵人。

MARINE MAMMALS
海洋哺乳類動物

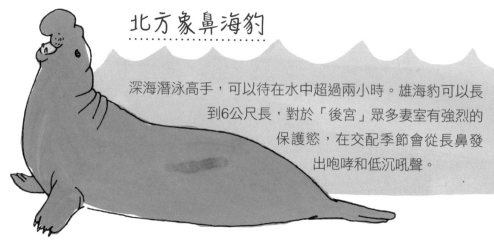

北方象鼻海豹

深海潛泳高手，可以待在水中超過兩小時。雄海豹可以長到6公尺長，對於「後宮」眾多妻室有強烈的保護慾，在交配季節會從長鼻發出咆哮和低沉吼聲。

北方海狗

一身毛皮又厚又密，能夠隔絕北地的寒氣。雄海狗會為了爭奪繁殖場地而打鬥，打贏之後就會守住地盤，整個繁殖季節中不吃不喝。

加州海獅

這群淘氣的游泳健將會跳水，也會像玩衝浪一樣乘風破浪。牠們在夜間捕食魚類和軟體動物。

海牛

行動緩慢，會用能夠纏抓的敏捷雙唇啃嚼海底植物，喜歡待在發電廠的排水口附近泡熱水。

港灣海豹

這種海豹大部分時間棲息在海灘上，在陸上或海中都能自在地交配，已知有雌海豹曾在水中順利生產。

海獺

體型最小的海洋哺乳動物，一生中大部分時間都在水中生活。為了空出前足敲開貝類，牠們會仰躺在水上，一邊漂浮，一邊拿貝殼去敲放在懷中的石頭。

瓶鼻海豚

這種群居動物利用回音定位來捕獵，有社會活動，彼此之間會用嘴與噴氣孔發出的喀嗒聲和尖銳哨聲，以及肢體語言來溝通。牠們以智慧表現和願意與人類互動著稱，近來的研究更發現海豚能將文化知識傳遞給後代。

虎鯨

擅長集體行動的一流海中獵人，會將魚群圈圍在小灣中以便捕食。牠們也獵捕比自己體積大上數倍的鯨魚，會窮追不捨、群起撕咬，直到鯨魚放棄投降。

港灣鼠海豚

雄雌海豚之間的求偶儀式花俏繁複，不但會發出高亢的海豚音，還會淘氣地相互摩蹭。

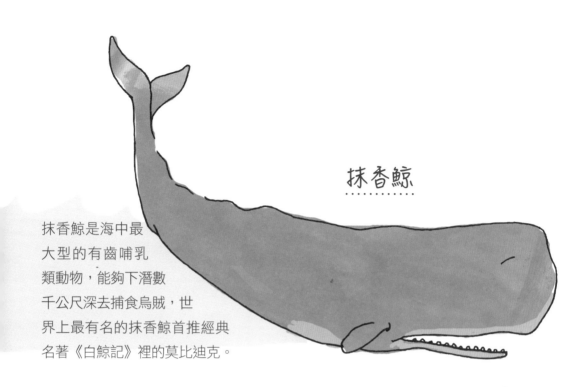

抹香鯨

抹香鯨是海中最
大型的有齒哺乳
類動物,能夠下潛數
千公尺深去捕食烏賊,世
界上最有名的抹香鯨首推經典
名著《白鯨記》裡的莫比迪克。

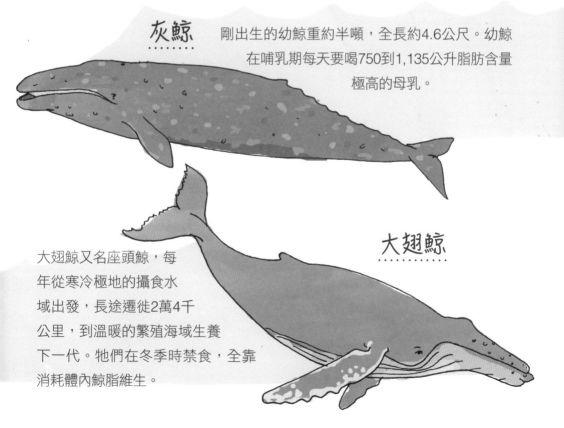

灰鯨

剛出生的幼鯨重約半噸,全長約4.6公尺。幼鯨
在哺乳期每天要喝750到1,135公升脂肪含量
極高的母乳。

大翅鯨

大翅鯨又名座頭鯨,每
年從寒冷極地的攝食水
域出發,長途遷徙2萬4千
公里,到溫暖的繁殖海域生養
下一代。牠們在冬季時禁食,全靠
消耗體內鯨脂維生。

第 6 章
鳥類

A Little Bird
Told Me

ANATOMY OF A BIRD
鳥的解剖構造

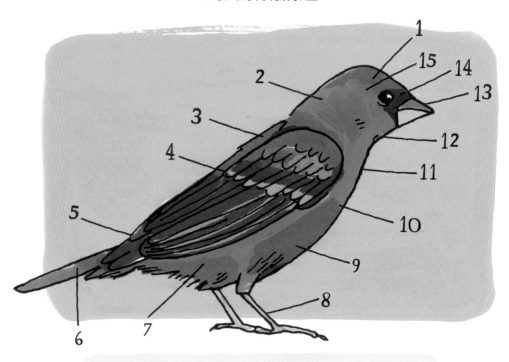

1. 頭冠
2. 後頸
3. 背部
4. 翼帶
5. 腰
6. 尾部
7. 下腹部
8. 腳 (跗蹠)
9. 脇
10. 胸部
11. 喉嚨
12. 腮
13. 嘴喙
14. 眼先
(鳥眼與鳥喙之間的區域)
15. 耳羽

❋ A BEVY OF BIRDS ❋
各種鳥類

紅翅黑鸝
只有雄鳥的翅膀
在最靠近兩肩的
部分長有色彩鮮
豔的羽毛。

黃腹吸汁啄木
牠們在樹幹上鑽小洞
吸食樹汁,這佔整天
飲食五分之一的份
量。

塞氏菲比霸鶲
在橋樑、水井和峽谷谷
壁上,可以找找看牠們
所築的杯狀窩巢。

黃頭金雀
牠們住在沙漠中,會
用荊棘遮蓋自己的圓
形鳥巢。

紅喉
北蜂鳥

牠們冬季會向南遷徙到中美洲，飛越墨西哥灣途中完全不用休息。

黃喉林鶯

這種可愛的鳥兒雖然是將巢高築在林澤樹叢或松樹林的樹冠上，但一點都不怕人。

猩紅比藍雀

以櫟樹為家，而且是櫟樹的重要伙伴，會幫忙吃掉對櫟樹有害的毛毛蟲和甲蟲。

加拿大
森鶯

這種小型鳴禽將巢築在靠近地面的位置，以腐朽斷木為家。

高山山雀

找好配偶的高山山雀會和森林裡其他小型鳥類一起群居生活。

黃連鳥

有人看過整群黃
連鳥在樹枝上排
排站好，鳥喙對鳥
喙地傳遞漿果，讓
每隻鳥都能吃到。

佛羅里達
冠叢鴉

叢鴉家族成員之間合
作無間，學飛期的幼
鳥會待在親鳥身邊，
幫忙餵食照顧剛孵化的
雛鳥。

白胸鳾

這是唯一一種能
頭下腳上爬下樹
的鳥類。

剪尾王霸鶲

雄鳥求偶時會像
表演特技一樣在
空中翻幾個跟斗。

帶魚狗

會在發出響亮的
喀喀叫聲之後，
一頭潛入湖泊或
河水中抓魚。

加州星鴉

這種鳥以松子為主食，牠舌頭下方的囊袋裡能裝進多達150顆松子。

褐頂朱雀

牠們飛行時會一下拍動翅膀，一下又忽然收起翅膀滑翔，有點彈跳的感覺。

巾冠
擬黃鸝

擬黃鸝織築出的深袋形鳥巢造型獨特，而且是像吊籃一樣吊掛在樹枝上。

大冠蠅霸鶲

鶲鳥偏好在鳥巢裡鋪上蛇皮當襯墊，不過偶爾也會改用長條狀的塑膠袋碎片。

黑白苔鶯

雄鳥的羽毛顏色在繁殖季節會變得比雌鳥更鮮明搶眼，但到了秋季又會恢復暗淡。

山藍鴝

保護慾很強，就算有人接近，也會堅守鳥巢，不願離開。

棕曲嘴鷦鷯

這種鷦鷯需要的水分全都來自捕食的昆蟲、種子、果實和小型爬蟲類。

暗冠藍鴉

在北美洲松鴉中體型最大也最吵鬧，常發出尖銳響亮的「嘎—嘎—嘎！」叫聲。

吉拉啄木鳥

牠們在巨人柱仙人掌裡築巢，鳥巢荒廢不用之後就成了蛇鼠等動物的家。

白眉冠山雀

牠們吃東西的姿勢很像在表演特技，會邊吃邊拍彈翅膀、晃動身體，甚至倒吊著進食。

羽毛的 種類

廓羽　　半羽　　剛羽　　纖羽　　　絨羽

外羽瓣　　羽軸　　　　　　　　　羽軸基部

飛羽

羽枝　　　　内羽瓣

鳥身上的 羽毛

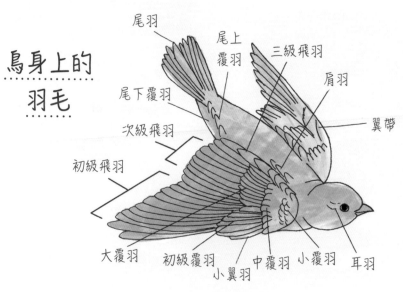

尾羽
尾上覆羽
三級飛羽
肩羽
尾下覆羽
翼帶
次級飛羽
初級飛羽
大覆羽　初級覆羽　中覆羽　小覆羽　耳羽
小翼羽

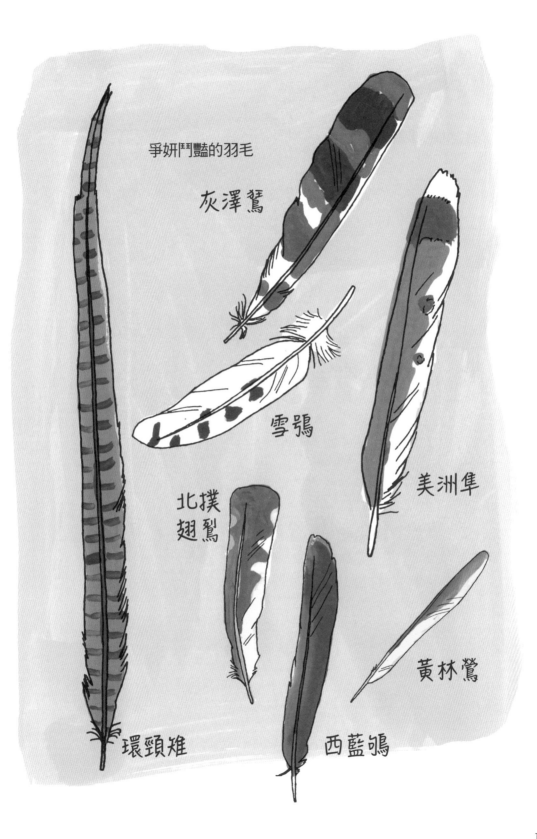

爭妍鬥豔的羽毛

灰澤鵟

雪鴞

美洲隼

北撲
翅鴷

環頸雉

西藍鴝

黃林鶯

BIRDCALLS
鳥的鳴叫聲

「啵嘀——
啵嘀——
　啵嘀」

橫斑林鴞

主紅雀

「胡務爾廚——
胡務爾廚平
——」

就算是同種的鳴禽，鳴唱出的曲調也不一定相同。棲息地相互隔絕的鳥群，會發展出截然不同的鳴聲語庫，長久下來，同一鳥種也可能發展出不同的「方言」。

「把——愛
都——予——汝」

東美
草地鷚

「日耳曼尼——
日耳曼尼——
日耳曼尼」

皇葦鷦鷯

鳴禽唱歌要靠學習，不是天生就會。牠
們雖然生下來就能發出各種不同的鳴叫
聲，但是幼鳥是靠著聽周圍的成鳥鳴唱
才學會唱歌。

「巫奇啼——
巫奇啼——
巫奇啼」

黃喉地鶯

幼鳥誕生後的第一個冬
天會在夢中「咿啾學
語」（研究發現牠們會
在睡著時「練唱」），
等到春天就能高聲鳴唱
成調。由於大部分鳴禽
每年都會回到同一個地
區，所以不同地區的鳥
群會逐漸發展出自己的
歌曲。

「啾油喔——
啾油哩——
啾唧哦——
會贏」

旅鶇

A VARIETY OF NESTS

各式各樣的窩巢

雪鷺

用樹木枯枝、嫩枝，加上
薄襯墊織築在樹上的巢。

鷦鷯

用植物材料搭建的洞穴形
鳥巢，裡面鋪上鳥羽、獸
毛、羊毛、絲繭和苔蘚當
成襯墊。

歌帶鵐

枯葉、雜草和樹皮碎片築
成的杯碗形鳥巢,裡面鋪
著細嫩草葉。

紅喉蜂鳥

利用蛛網將莖桿和植物絨毛黏住固定而
成的杯碗形鳥巢,裡面鋪著鳥羽和植物
絨毛,還用地衣和苔蘚裝飾。

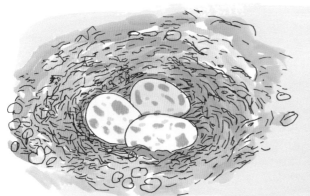

大黑背鷗

將枯萎植物、苔蘚、海草
和鳥羽堆積起來築成的
巢。

綠頭鴨

用絨羽、草葉、樹葉和植物碎屑築起的內凹窩巢。

家燕

用泥團和植物纖維築成、裡面鋪羽毛的杯形鳥巢，常出現在建築物的橫樑上或洞穴裡。

黃頭金雀

以樹枝搭建、周圍放滿荊棘的球形鳥巢，巢底先鋪一層蛛網和細嫩草葉，再疊上厚層羽毛和植物絨毛當成襯墊，保溫效果絕佳。

笑鷗

在沙茅草叢裡或沙灘上的淺坑搭築，裡面鋪了
草葉和樹枝。

知更鳥

用嫩枝、雜草、草葉，以及繩線、
破布等物品碎屑築成，巢內鋪上溼
泥和草葉。

黃林鶯

用莖桿、羊毛和植物絨毛在樹枝分岔處築起的
杯形鳥巢，裡頭鋪了植物纖維、棉花和羽毛當
成襯墊。

加拿大
森鶯

形形色色的
鳥蛋

美洲
家朱雀

東方
鳴角鴞

金斑鴴

棕曲嘴
鷦鷯

加利福尼亞
矢嘲鶇

巾冠
擬黃鸝

冠藍鴉

約長1.6、
寬1.3公分

擬八哥

約長11.1、
寬7.6公分

黑嘴天鵝

家燕

主紅雀

黃連鳥

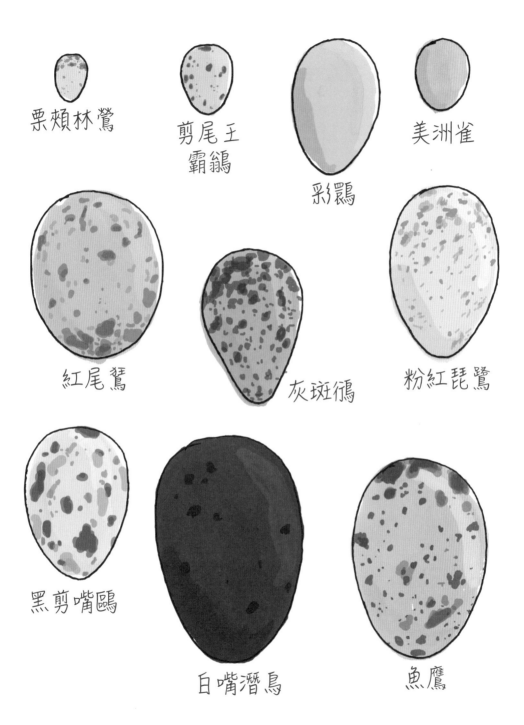

栗頰林鶯

剪尾王
霸鶲

彩䴉

美洲雀

紅尾鵟

灰斑鴴

粉紅琵鷺

黑剪嘴鷗

白嘴潛鳥

魚鷹

INTRIGUING BIRD
※BEHAVIOR※
有趣的鳥類行為

求偶

大多數鳥類的繁殖季節都在春天，
雄鳥會鳴唱特殊歌曲、跳舞或表演
飛行特技來吸引雌鳥，而雌鳥會根
據求偶行為選出健康又有活力的伴
侶，確保生出的下一代也同樣健康
活潑。

交配

雄鳥和雌鳥都有叫做「泄殖腔」的單
一開口，兼具排泄和生殖兩種功能。
雄鳥平常會將精液儲存在泄殖腔裡，
等雌鳥準備好要接收時才送出精液。
交配的時候，雌鳥通常會蹲伏下來，
雄鳥則跳到雌鳥背上，在保持平衡的
同時弓起身體，用自己的泄殖腔去摩
擦雌鳥的泄殖腔。每次交配只要一到
兩秒鐘就結束，但會重複好幾次。

整羽

鳥類每天要花好幾個小時整羽，也就是嘴喙、頭、腳並用，去沾取尾部附近一種特殊腺體分泌的油，然後塗在全身的羽毛上面。整羽不但可以清潔、重整羽毛，還有保護、修復和加強防水效果的功能。

洗澡

鳥類會在水池或淺沙坑裡洗水浴或沙浴，可以清潔羽毛，並去除寄生蟲。

蟻浴

有些種類的鳥會張開翅膀躺在蟻丘附近，讓螞蟻在羽毛之間爬進爬出，因為螞蟻爬行留下的蟻酸有助於驅走寄生蟲。

利用工具

有幾種雀鳥會用樹枝從斷木或樹幹中挖捕昆蟲。烏鴉也會這麼做，有些烏鴉甚至學會將堅果扔在車子前面，等車子開過去將堅果的硬殼輾開。還有人觀察發現，鷺類會利用人類餵鴨子剩下的麵包屑當餌來捕魚。

BIRDS OF PREY

猛禽

條紋鷹
以鳥類和小型哺乳類動物為主食。

紅尾鵟
會在空中巡
視，或者停
在樹梢或路標等制高
點，伺機獵捕小型哺乳
動物。

白頭海鵰
會用樹枝搭建巨大的鳥巢，築
巢的地方多半離水很近，以方
便捕魚。

游隼
曾創下以超過400公里時速俯衝而
下的紀錄。

斯氏鵟

捕食在地面活動的地鼠、老鼠,甚至蚱蜢。

金雕

強壯有力,甚至能獵捕幼鹿和其他大型哺乳類動物。

灰澤鵟

也叫灰鷂,在地面築巢。

魚鷹

名符其實的捕魚專家。

美洲隼

會在小型哺乳類動物上方盤旋,接著快速俯衝,給予致命一擊。

❧OWLS❧
貓頭鷹

貓頭鷹的眼睛很大但不會動，頭部最多可以旋轉約270度，靈活度遠勝過其他動物。絕大多數貓頭鷹的臉部都長成內凹圓盤狀，最適合在夜間接收聲波，以便鎖定逃竄獵物的位置。

鵂鶹
身長只有約15公分，在常綠樹樹幹上的凹洞築巢。

穴鴞
住在鋪墊著羽毛和植物材料的地洞裡。

倉鴞
只靠聲音就能在一片漆黑中準確判定獵物的位置。

東方鳴角鴞
耳簇羽明顯的小型
貓頭鷹。

大雕鴞
目前已知唯一一種會吃臭鼬
的掠食動物；雄鳥和雌鳥的
求偶叫聲會相互應和成調。

雪鴞
主要在白天時活動，多半不怕人。

BIG BIRDS 大型的鳥類

加州兀鷲

北美洲體型最大的陸鳥，翼展達3公尺長，目前仍是瀕危物種，重新野放的鷲群數量只有幾百隻。

紅頭美洲鷲
翼展約1.8公尺的滑翔專家，利用敏銳嗅覺找尋牠們的主食：腐肉。

美洲鶴
北美洲個子最高的鳥類，會發出獨特的高亢鳴叫聲，所以也叫做「鳴鶴」。

美洲紅鶴
這種鳥可以活到40歲高齡，羽毛呈粉紅色是因為牠們吃的豐年蝦體內富含色素。

A Variety of Beaks 形狀各異的嘴喙

白喉帶鵐

他的嘴喙最適合用來敲碎
種子和啄出躲在樹皮裡的
昆蟲。

環紋翠鳥

楔形嘴喙在潛入水面時不會
拍出水花。

綠頭鴨

扁平嘴喙適合在淺水中濾水捕食。

白頭海雕

鉤狀嘴喙方便撕扯獵物。

紅交喙雀

他的嘴喙有助於
將松果的鱗片撬
開。

紅喉北蜂鳥

細長嘴喙適合伸進
花朵裡吸食花蜜。

琵鷺　匙狀嘴喙可以張得半開，在水中來回
掃動，一找到獵物就閉緊含住。

WATER BIRDS
水鳥

加拿大雁

帶魚狗

褐鵜鶘

長嘴杓鷸

鴴鳥

蠣鴴

粉紅琵鷺

大藍鷺

帆背潛鴨

疣鼻天鵝

鸕鷀

麻鷺

187

第 7 章
水底世界

Head above Water

✤ WATER BODIES ✤
水域

大洋
....
龐大的鹹水水體，覆蓋地球將近三分之二的表面。

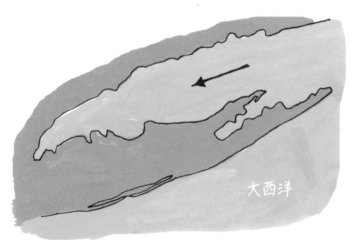

大西洋

海峽
....
巨大的海口

海
.....
比大洋稍小的鹹水水體，有些與陸地相鄰。

海灣

部分被陸地圍繞的寬闊海口。

小海灣

較小的海灣

潮池

退潮時與海洋分隔開來的海邊岩池。

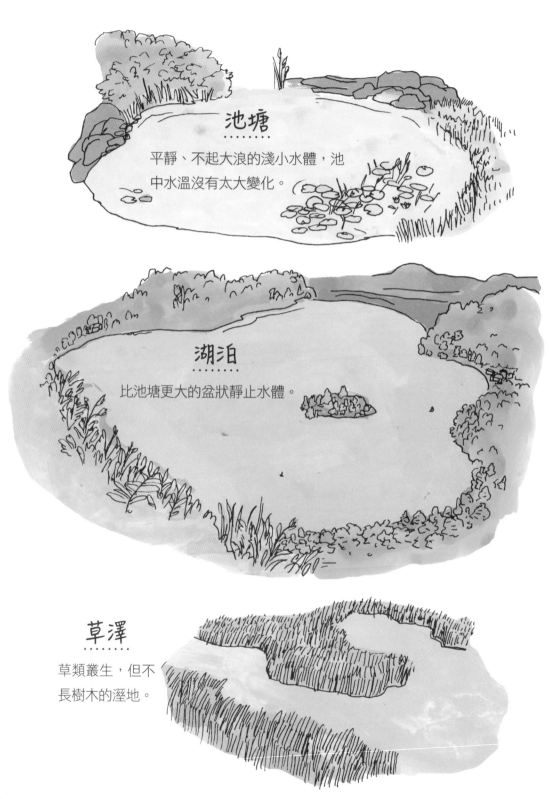

池塘

平靜、不起大浪的淺小水體，池中水溫沒有太大變化。

湖泊

比池塘更大的盆狀靜止水體。

草澤

草類叢生，但不長樹木的溼地。

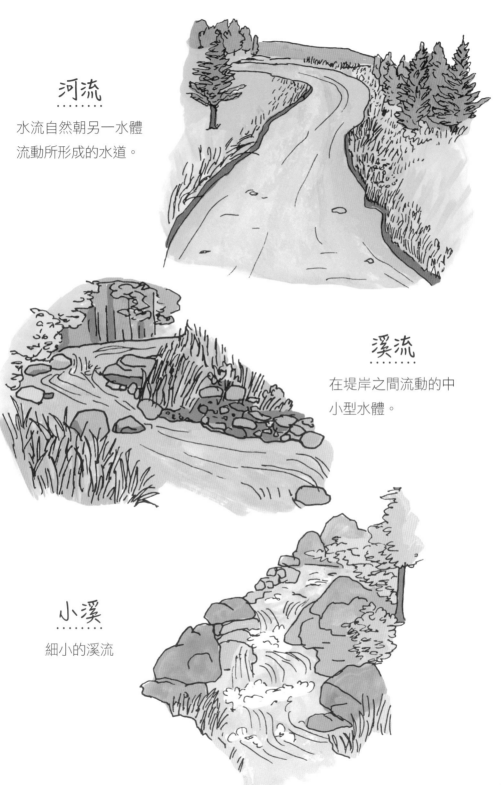

河流

水流自然朝另一水體
流動所形成的水道。

溪流

在堤岸之間流動的中
小型水體。

小溪

細小的溪流

ECOSYSTEM OF A POND

池塘的生態系

池塘裡的生態豐富，所有的生物可分成
3個族群：生產者、消費者和分解者。

植物從陽光獲取能量，是池塘裡的主要
生產者。

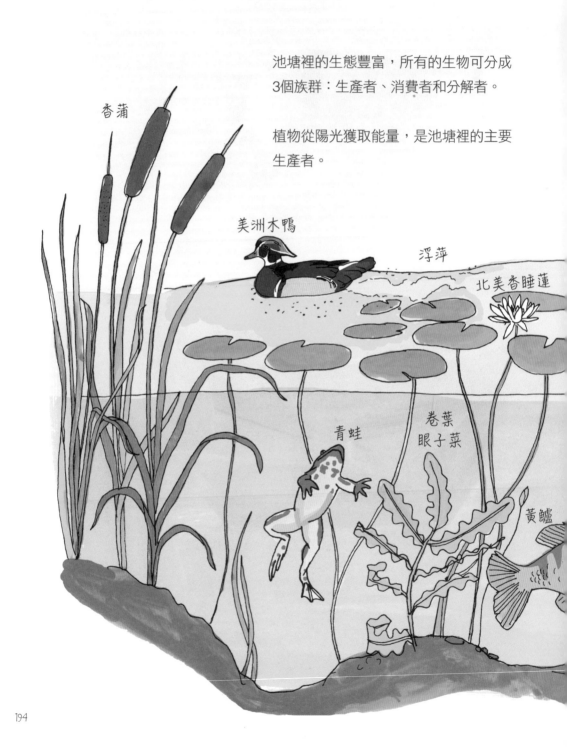

香蒲

美洲木鴨

浮萍

北美香睡蓮

青蛙

卷葉
眼子菜

黃鱸

池塘裡的生態豐富多元，吸引了其他野生動物光臨池邊。

大白鷺

大葉眼子菜

消費者是以植物或小型動物為食的動物。

分解者是細菌和真菌，它們以腐敗動植物遺體的有機質為養分，多半住在池底泥漿裡。

北方金魚藻

195

❋ A FEW FRESHWATER FISH ❋
幾種淡水魚

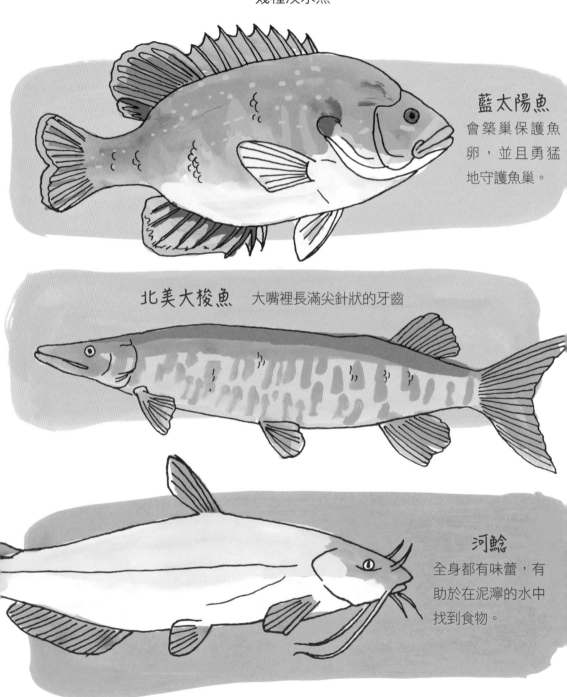

藍太陽魚
會築巢保護魚卵，並且勇猛地守護魚巢。

北美大梭魚　大嘴裡長滿尖針狀的牙齒

河鯰
全身都有味蕾，有助於在泥濘的水中找到食物。

黃鱸　住在雜草叢生的水岸，除了昆蟲和小魚之外，也吃同類。

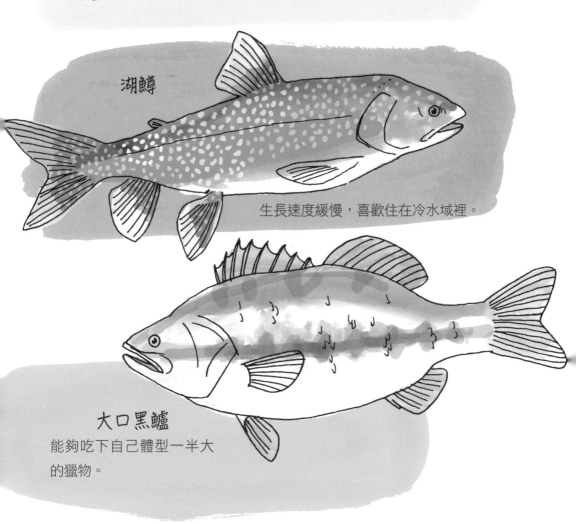

湖鱒

生長速度緩慢，喜歡住在冷水域裡。

大口黑鱸
能夠吃下自己體型一半大
的獵物。

Life Cycle of a Salmon

鮭魚的生命史

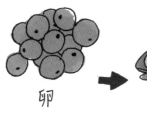

卵

秋季時鮭魚會游入內陸河流，雌鮭會用尾巴在遍布礫石的河床上拍打，形成凹陷的「生殖巢」。雌鮭會先在巢裡產下魚卵，雄鮭再將精液射在卵的上面。

稚魚

6到12週之後從魚卵孵出的小鮭魚叫做稚魚，牠們躲在礫石層裡，只依靠連在身上的卵黃囊提供養分。

魚苗

稚魚將卵黃囊消化完之後長成魚苗，然後游入水中，開始吃極小的無脊椎動物，甚至會吃死掉成鮭的屍體。

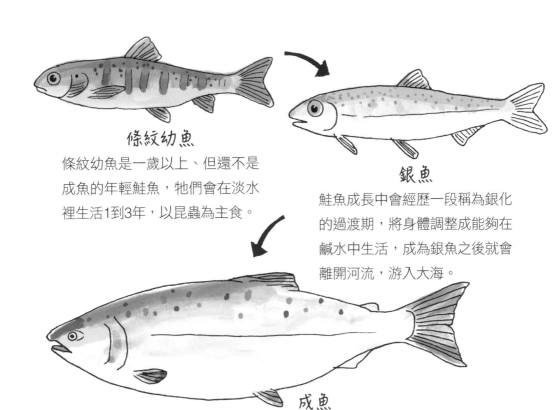

條紋幼魚

條紋幼魚是一歲以上、但還不是成魚的年輕鮭魚，牠們會在淡水裡生活1到3年，以昆蟲為主食。

銀魚

鮭魚成長中會經歷一段稱為銀化的過渡期，將身體調整成能夠在鹹水中生活，成為銀魚之後就會離開河流，游入大海。

成魚

成年鮭魚在廣闊的海洋中捕食其他魚類逐漸長大，經過1到4年之後才回到原本出生的河流。

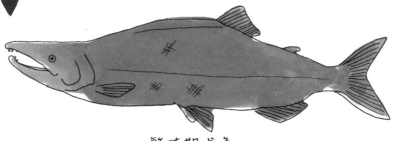

繁殖期成魚

為了回到出生地產卵，成魚生理上會出現轉變，以重新適應淡水，原本銀色的身體也會因為耗費精力產出精卵而變成深色。成鮭繁衍完之後不久就會死亡，屍體成為即將孵化的後代和其他動物豐富的食物來源。

❧WATER BUGS❧

水裡的蟲子

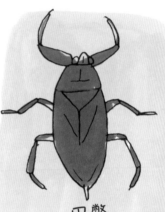

蜉蝣

成蟲的壽命非常短暫，在一些
語言中也稱為「一日蟲」。

田鱉

雌蟲將卵產在雄蟲的翅翼
上，雄蟲會揹著卵直到孵
出幼蟲。

水黽

身體上的毛有防潑水的
功能，所以可以在水面
上滑行。

划蝽

身體長而扁平，有利於在
池塘和溪流的河底游動。

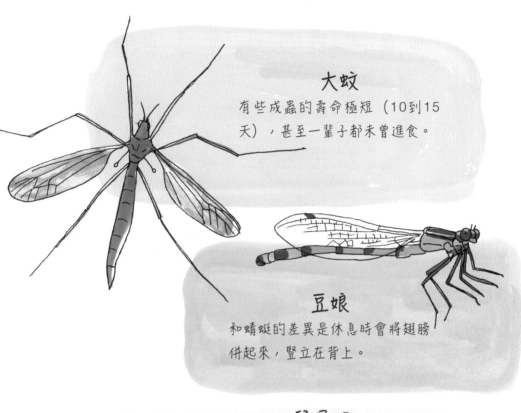

大蚊

有些成蟲的壽命極短（10到15天），甚至一輩子都未曾進食。

豆娘

和蜻蜓的差異是休息時會將翅膀併起來，豎立在背上。

鼠尾蛆

長尾管食蚜蠅的幼蟲，常被暱稱為「小耗子」，是在冰上釣魚時常用的魚餌。

龍蝨

在墨西哥、日本、中國和泰國等地都有人食用這種大型甲蟲。

比一比

蟾蜍

蟾蜍

青蛙

美國樹蛙
譯註：或稱「美國樹蟾」，屬雨蛙屬樹蟾科

蟾蜍	青蛙
• 腿短，適合行走和蹦跳	• 腿長，適合彈跳和游泳
• 皮膚粗糙乾燥	• 皮膚光滑溼潤
• 大部分時間生活在陸地	• 大部分時間生活在水裡
• 沒有牙齒	• 上顎生有細小的尖錐形牙齒
• 眼睛不外凸	• 眼睛鼓凸
• 吃昆蟲、蛞蝓和蚯蚓	• 吃昆蟲、蝸牛、蚯蚓和小魚

假交配

蛙卵

成蛙在春天時會發出宏亮鳴聲,結束繁複的求偶儀式之後,雌雄青蛙在水中進行假交配,可能連續好幾天都維持同樣的姿勢。

雌蛙在平靜的水域產下黏稠聚結的卵塊。

青蛙的
生命史

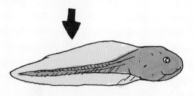

卵在一到兩週內孵化出蝌蚪。

孵化12週的小青蛙,尾巴幾乎完全退化,只剩下一小截。

蝌蚪有簡單的外鰓,牠們會先黏附在植物上,等到長得強壯一點才游來游去吃藻類維生。

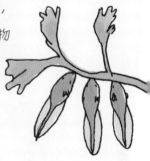

孵化9週之後看起來就像長了長尾巴的小青蛙。

孵化6到9週之後,蝌蚪身體兩側會開始長出四肢。

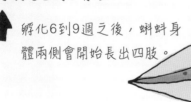

TIDAL ZONE ECOSYSTEM
潮間帶的生態系

潮上帶

高潮帶

低潮帶

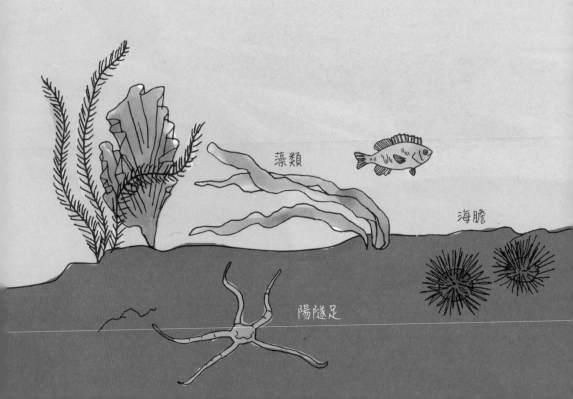

藻類

海膽

陽隧足

海鷗

粗腿厚紋蟹

蠑螺

藤壺

牡蠣

潮間帶地區的高度就算只有
一點不同，分布的物種也會
出現很大的差異。

貽貝

帽貝

海葵

寄居蟹

蛾螺

海星

海綿

海參

✺ FANTASTIC SALTWATER FISH ✺
多采多姿的鹹水魚

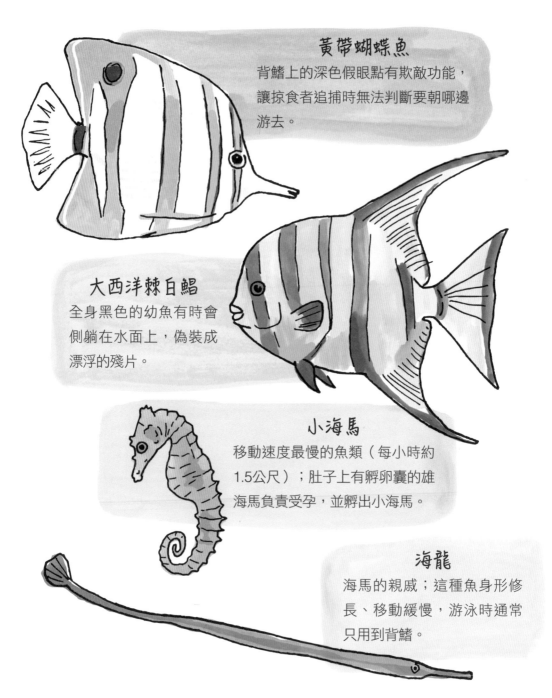

黃帶蝴蝶魚
背鰭上的深色假眼點有欺敵功能，
讓掠食者追捕時無法判斷要朝哪邊
游去。

大西洋棘白鯧
全身黑色的幼魚有時會
側躺在水面上，偽裝成
漂浮的殘片。

小海馬
移動速度最慢的魚類（每小時約
1.5公尺）；肚子上有孵卵囊的雄
海馬負責受孕，並孵出小海馬。

海龍
海馬的親戚；這種魚身形修
長、移動緩慢，游泳時通常
只用到背鰭。

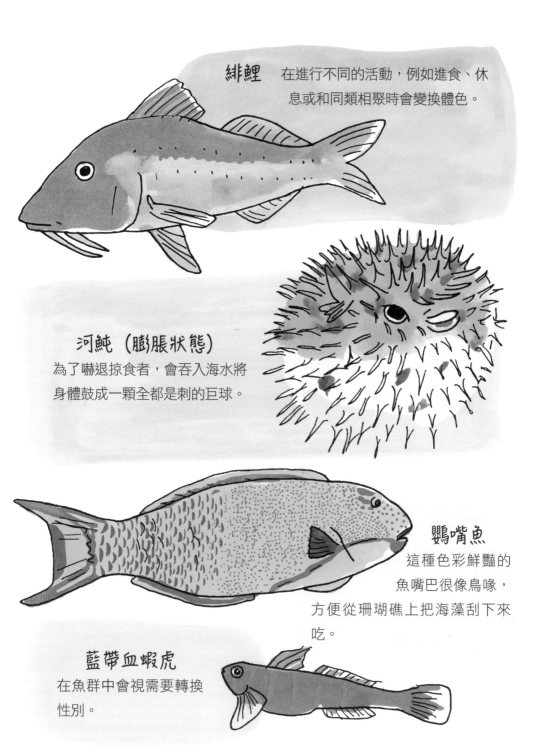

緋鯉 在進行不同的活動,例如進食、休息或和同類相聚時會變換體色。

河魨 (膨脹狀態)
為了嚇退掠食者,會吞入海水將身體鼓成一顆全都是刺的巨球。

鸚嘴魚
這種色彩鮮豔的魚嘴巴很像鳥喙,方便從珊瑚礁上把海藻刮下來吃。

藍帶血蝦虎
在魚群中會視需要轉換性別。

ANATOMY OF A JELLYFISH
水母的解剖構造

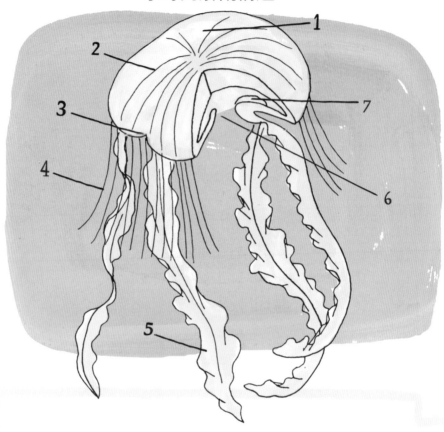

1. **傘**——能夠快速收縮的傘形身體，水母的移動方式是靠下方凹陷處噴水，然後朝反方向推進。
2. **輻管**——遍布傘狀體內的多根管子，將養分輸送到全身進行細胞外消化。
3. **眼點**——分布在傘狀體邊緣的感光小點
4. **觸手**——用來向外探觸
5. **口腕**——將毒液注入獵物身體
6. **口腔**——由此將獵物送入胃腔
7. **生殖腺**——製造精卵的生殖器官

獅鬃水母

目前已知體型最大的水母，
觸手最長可達30公尺。

海月水母

通常漂浮在靠近水面處，
所以很容易成為大魚、
海龜，甚至一些海鳥的獵
物。

大西洋海刺水母

不像其他水母只捕食浮
游生物，含有劇毒的牠
們也會螫刺小魚、小蟲
和孑孓等獵物。

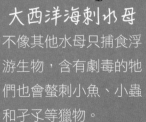

僧帽水母

名為水母，但其實是管水
母，是由許多高度特化的微
小個體組成的群落。

桃花水母

這種水母十分嬌小
（約2.5公分），
幾乎各大洲和美國
各州都能看到牠們
的蹤跡。

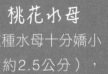

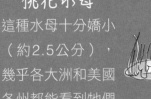

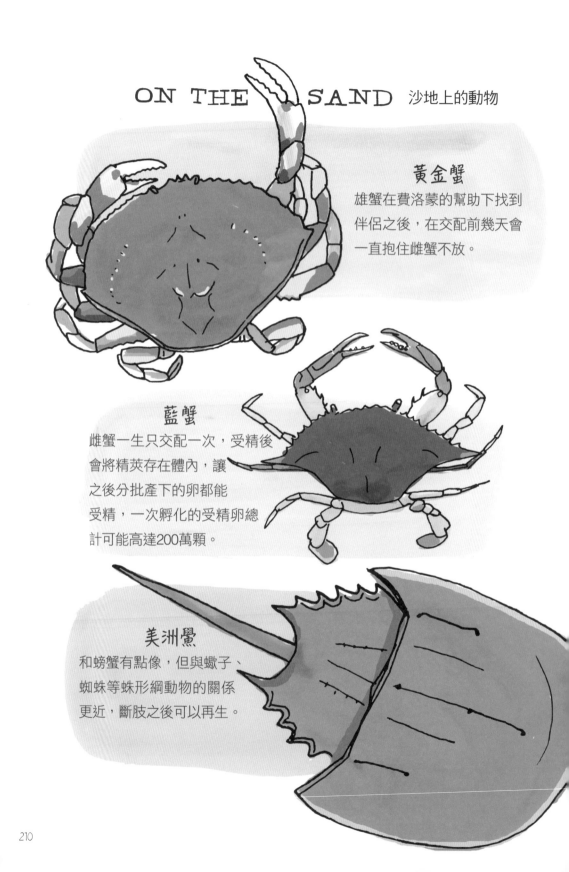

ON THE SAND 沙地上的動物

黃金蟹
雄蟹在費洛蒙的幫助下找到
伴侶之後,在交配前幾天會
一直抱住雌蟹不放。

藍蟹
雌蟹一生只交配一次,受精後
會將精莢存在體內,讓
之後分批產下的卵都能
受精,一次孵化的受精卵總
計可能高達200萬顆。

美洲鱟
和螃蟹有點像,但與蠍子、
蜘蛛等蛛形綱動物的關係
更近,斷肢之後可以再生。

貽貝

利用強壯的足絲附著在水下
岩石的表面，這種黏黏的細
絲經研發後，可應用於工業
和外科醫療。

寄居蟹

身體長大就必
須找新殼，常
常是接收更大
隻同類搬走後所
留下的殼。

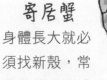

象拔蚌

世界上最大型的潛泥蛤，可長到
超過1公尺長、1公斤重，壽命可
達幾百年。

牡蠣

牡蠣有很多不同的種類，
只有幾種能夠產出商業級
珍珠。

鯊魚卵鞘

這些魚卵孵化後留下的卵
鞘常被海水沖上岸。

北紅石鱉

SEASHELLS
BY THE
SEASHORE
海灘上的貝殼

粉紅
海扇蛤

佛羅里達
芋螺

女神渦螺

玫瑰骨螺

鱗蛇螺

北極骨螺

紫金鐘螺

光澤麥螺

美東鬐螺

安地列斯象牙貝

錐海蛳

鷹翼鳳凰螺

巴西櫻蛤

條紋真珠螺

加勒比海
寶螺

大牡蠣

鷹嘴殼菜蛤

笠貝

大西洋竹蟶

黃邊
鳥尾蛤

SOME SEAWEED
幾種海藻

巨型海帶（大葉囊藻）
每天能多長一、兩公尺，能長到
超過30公尺長。

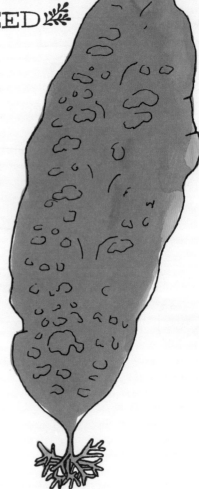

闊葉巨藻
喜好生長在不受大浪
沖襲的地方。

掌藻（食用紅藻）
常見於北大西洋海岸線上，
營養價值高，可取代味精加
在菜餚裡增添風味。

石蓴
非常適合食用，
富含蛋白質及鐵
質。

岩藻（褐藻）
自古就是重要的含
碘食物。

海囊藻
在波濤洶湧的海域中蓬勃
生長，為數10種海洋生物
提供棲息地。

海藻採集、處理和食用

海藻是有益健康的「超級食物」，不僅含有鈣、鉀、維生素A和維生素C，尤其富含對人體有益的碘。世界上一些地方甚至制訂法律，規定只能在一年中的幾個特定時期採集海藻，還可能需要事先申請許可或執照。最好先學會辨認有用的海藻種類，並且只在乾淨的水域採集。

退潮時採集海藻會比較容易，可事先查詢當地的潮汐表。

選用耐磨損防腐蝕的剪刀，從每株海藻主莖上只剪幾片葉片，小心別將整株扯離原本生長的位置。採集植株仍生長茂盛的新鮮海藻，不要採被海水沖上岸的整株海藻，因為很難判斷它們的老化程度（不過老化海藻會是花園菜圃裡的最佳肥料）。

找一個乾淨平坦的地方，將採來的海藻放在大太陽下曝晒晾乾，或者用食物乾燥機也很方便。晾乾後收入可密封的瓶罐或袋子裡。

新鮮海藻可以配小黃瓜、芝麻和醋一起吃，非常美味。晾乾的海藻可以用來煮湯、拌沙拉，或加在綜合堅果裡一起吃。

海藻面膜

乾燥海藻葉片4片

溫水

蘆薈膠1大匙

熟軟香蕉¼根

用研磨杵臼或咖啡磨豆機將海藻葉片搗磨成細粉。將磨好的1大匙海藻粉放入碗裡，加入一點溫水和1大匙蘆薈膠用叉子拌勻，再加入香蕉，一起壓搗成泥。可酌量加一點溫水讓混合物的質地更滑順。

將調製好的海藻面膜在臉上薄敷一層，接著放鬆休息，15-20分鐘之後用溫水將臉洗淨。以後不妨每週用這種自製面膜敷一次臉，就是最天然的特殊保養。

A NOTE ABOUT CONSERVATION
淺談環境保育

自然界中的各個部分都關係密切，彼此之間息息相關。一個生態系統中若有任何部分發生微小改變，都可能對整個區域的生命力和生物多樣性造成深遠影響。

雖然大自然無比強韌而且適應力驚人，但事實擺在眼前，世界上大部分的自然棲地都受到人類活動侵擾，而我們正面臨生物大滅絕的問題。保育大片原始林地、海洋、溼地和草原，既是瀕危生物存續的關鍵，也是讓地球未來能夠保持生生不息的要點。

只要你願意投入心力保護自然環境、減少資源浪費，就能帶來改變。請一起來了解如何保護地球的生物多樣性，你可以從國際野生生物保護學會（Wildlife Conservation Society）、生物多樣性中心（Center for Biological Diversity）、自然保育基金會（Conservation Fund）、「地球工作」團體（Earthworks）、山岳協會（Sierra Club Foundation）和保育選民同盟基金會（League of Conservation Voters Education Fund）等組織團體獲得更多資訊，也可以參加在地的環境保育團體。

不管你住在哪裡，都可以認真積極地親近周遭的自然環境。

BIBLIOGRAPHY

參考書目

Alden, Peter, Richard P. Grossenheider, and William H. Burt. Peterson First Guide to Mammals of North America. Boston: Houghton Mifflin, 1987.

Baicich, Paul J., and Colin J. Harrison. Nests, Eggs, and Nestlings of North American Birds. Princeton, NJ: Princeton University Press, 2005.

————. Book of North American Birds: An Illustrated Guide to More Than 600 Species. New York: Reader's Digest Assoc. 2012.

Chesterman, Charles W. The Audubon Society Field Guide to North American Rocks and Minerals. New York: Knopf, 1978.

Coombes, Allen J. Trees. New York: Dorling Kindersley, 2002.

————. Familiar Flowers of North America: Eastern Region. New York: Knopf Distributed by Random House, 1986.

Filisky, Michael, Roger T. Peterson, and Sarah Landry. Peterson First Guide to Fishes of North America. Boston: Houghton Mifflin, 1989.

Hamilton, Jill. The Practical Naturalist: Explore the Wonders of the Natural World. New York: DK Publishing, 2010.

Laubach, Christyna M., René Laubach, and Charles W. Smith. Raptor! : A Kid's Guide to Birds of Prey. North Adams, MA: Storey Publishing, 2002.

Little, Elbert L., Sonja Bullaty, and Angelo Lomeo. The Audubon Society Field Guide to North American Trees. New York: Knopf Distributed by Random House, 1980.

Mäder, Eric. Attracting Native Pollinators: Protecting North America's Bees and Butterflies: the Xerces Society Guide. North Adams, MA: Storey Publishing, 2011.

Mattison, Christopher. Snake. New York: DK Publishing, 2006.

Milne, Lorus J., and Margery J. Milne. The Audubon Society Field Guide to North American Insects and Spiders. New York: Knopf Distributed by Random House, 1980.

Moore, Patrick, and Pete Lawrence. The New Astronomy Guide : Stargazing in the Digital Age. London: Carlton, 2012.

Pyle, Robert M. The Audubon Society Field Guide to North American Butterflies. New York: Knopf Distributed by Random House, 1981.

Rehder, Harald A., and James H. Carmichael. The Audubon Society Field Guide to North American Seashells. New York: Knopf Distributed by Random House, 1981.

Scott, S D., and Casey McFarland. Bird Feathers: A Guide to North American Species. Mechanicsburg, PA: Stackpole Books, 2010.

Sibley, David. The Sibley Guide to Birds. New York: Alfred A. Knopf, 2000.

Spaulding, Nancy E., and Samuel N. Namowitz. Earth Science. Evanston, Ill: McDougal Littell, 2005.

Wernert, Susan J. Reader's Digest North American Wildlife. Pleasantville, NY: Reader's Digest Association, 1982.

感謝你！

為了這本書，我花了很久的時間，期間得到許多的幫助，謹在此向大家一一致謝。首先，也是最重要的，我要謝謝我的編輯莉莎·希里（Lisa Hiley），謝謝她的無比耐心和體貼，和她合作從頭到尾都非常愉快。謝謝黛博拉·巴爾穆（Deborah Balmuth）一直對我很有信心，並且不斷幫我打氣。謝謝艾麗思雅·莫里遜（Alethea Morrison）再次發揮她的設計長才，以及其他非常和善的Storey出版團隊成員。我也要特別感謝潘·湯普森（Pam Thompson）在每次腦力激盪的貢獻。

感謝好友兼寫作伙伴約翰，謝謝他提供許多絕妙點子和趣味知識，拜他的淵博知識、豐厚學養和洗練文筆所賜，本書得以更加完善。

創作這本書帶來的意外之喜，是和爸媽合作的機會：媽媽在我趕不上截稿日時幫忙替幾頁圖上色（最精細複雜的那幾頁），爸爸幫我掃瞄畫稿──真的是全家總動員！我衷心感激父母親一直以來都這麼支持我。

我姊姊正在非洲進行了不起的學術研究，她研究靈長類動物，並在當地社群推廣自然保育。今年去烏干達探望她的經驗讓我大開眼界，簡直是我這輩子做過最具啟發性的事。我非常欽佩她為了如此偉大的目標奉獻心力。

最後要謝謝一路走來與我合作無間的珍妮（Jenny）和麥特（Matt），謝謝他們在設計和生活上都不斷給我最中肯的建議。還有我要給好友山杜（Santtu）和魯迪（Rudy）各一個大大的擁抱！